Das endokrine System und die Zwischenzellen

Von

Prof. Dr. **Viktor Patzelt**
Histologisch-Embryologisches Institut, Wien

Wien
Springer-Verlag
1947

ISBN-13:978-3-211-80034-8   e-ISBN-13:978-3-7091-7703-7
DOI: 10.1007/978-3-7091-7703-7

Alle Rechte, insbesondere das der Übersetzung
in fremde Sprachen, vorbehalten.

Erweiterter Sonderdruck
aus „Wiener klinische Wochenschrift", Nr. 17 und 21, 1946,
und Nr. 7, 1947.

Vorwort.

Nachdem die Erforschung der Drüsen mit innerer Sekretion in wenigen Jahrzehnten zu überraschenden, die ganze Medizin beeinflussenden Entdeckungen geführt hat, bestehen derzeit noch Zweifel in der Beurteilung gewisser Zellen und Nebenorgane, denen nach manchen Erscheinungen eine ähnliche, wenn auch weniger klar ausgeprägte Bedeutung zukommt. Die Abgrenzung des endokrinen Systems ist eben keine scharfe, weil sich das ganze Tierreich in einer fortschreitenden Entwicklung befindet, an der auch die endokrinen Organe teilnehmen. Dies habe ich in einem Aufsatz über deren Phylogenese gezeigt, der kürzlich in der Wiener klinischen Wochenschrift erschienen ist.

Zu jenen Hilfsorganen, deren Stellung im endokrinen System erst von diesem Gesichtspunkt aus verständlich wird, gehören die in den spezifischen Stoffwechsel der Keimorgane eingeschalteten und zugleich der Nebennierenrinde nahestehenden Zwischenzellen, deren wechselndes, auch scheinbare Widersprüche aufweisendes Verhalten ich auf Grund der entwicklungsgeschichtlichen, histologischen, physiologischen, experimentellen und pathologischen Befunde aus der Literatur und meiner eigenen Erfahrung im letzten Jahrgang der Wiener klinischen Wochenschrift behandelt habe.

Da die vergleichende Betrachtung des endokrinen Systems außerdem zur Lösung anderer Fragen beitragen dürfte, wozu auch Hinweise auf seine Beteiligung an der Stammesentwicklung im Tierreich dienen mögen, werden die erwähnten Aufsätze aus der Wiener klinischen Wochenschrift hier mit einigen Ergänzungen und Angaben über die einschlägige Literatur zusammengefaßt wiedergegeben.

Inhaltsverzeichnis.

	Seite
Vorwort	III
I. Zur Phylogenese des endokrinen Systems	1
II. A. Das wechselnde Verhalten der Zwischenzellen im ganzen Lebensablauf	12
II. B. Die Beziehungen der Zwischenzellen zu den Geschlechtserscheinungen	24
Schlußwort	36
Literaturverzeichnis	38

I. Zur Phylogenese des endokrinen Systems.

Im zoologischen System stehen bekanntlich recht verschieden geartete Tiere unvermittelt nebeneinander, und auch bei der Verfolgung der Phylogenese hat es mitunter den Anschein, als gäbe es hier von der alten Wahrheit, daß die Natur keine Sprünge macht, auch Ausnahmen, weil die Bindeglieder oft schwer zu finden sind. Sie hatten teilweise nur ein kurzes Dasein und eine geringe Verbreitung, was darauf hinweist, daß sich manche Veränderungen verhältnismäßig rasch vollzogen haben und so im Laufe der ganzen Entwicklung bald dieser, bald jener Teil des tierischen Körpers, sei es nun ein größeres, zusammengehöriges System oder nur ein einzelnes Organ, eine meist wohl durch äußere Bedingungen veranlaßte, vorübergehende Phase größerer Variabilität durchgemacht hat. Bei solchen Anpassungsversuchen kam mitunter auch Abwegiges zustande, das meist bald wieder ausstarb, wogegen das Zweckmäßige zur fortschreitenden, heute oft sprunghaft anmutenden Bildung höherer Formen führte. Mitunter hat sich ferner aus gleichem Anlaß als Konvergenzerscheinung an mehreren Stellen und verschiedenen Zweigen des Tierstammes eine analoge Variabilität mit anschließender Abänderung eingestellt.

Diese Entwicklung, die sich in beschleunigter Form auch während der Ontogenese verfolgen läßt, ist noch nicht zum Stillstand gekommen und vollzieht sich gegenwärtig überall, wo im Gegensatz zur Stabilität anderer Stellen Schwankungen der Form oder Abgrenzung bestehen, wie bei den Haaren, Hirnwindungen, Ohren, der Nase, dem Kehlkopf oder Wurmfortsatz der Primaten. Aehnliches läßt sich auch in der Gruppe der endokrinen Organe während der Stammesentwicklung verfolgen.

Die jeweils an einzelnen Teilen eintretenden Veränderungen wirken sich physikalisch und zugleich durch den Stoffwechsel chemisch auf die unmittelbare Umgebung und auch auf entferntere Stellen des Körpers aus, was zu einer mehr oder weniger tiefgreifenden Umgestaltung und schließlich zum Auftreten neuer Tierformen führen kann. Die chemischen Wirkungen werden ebenso wie im Laufe der Ontogenese durch Reizstoffe vermittelt, die teilweise zu den Hormonen gehören, was sich am Einfluß des Thyroxins der Schilddrüse auf die Metamorphose von Amphibienlarven und an deren Ausbleiben, der Neothenie, infolge mangelhafter Ausbildung der Schilddrüse zeigt. Die formgebende Wirkung der Hypophyse kommt in den Verunstaltungen bei der Akromegalie auffällig zum Ausdruck. Störungen in der Entwicklung des endokrinen Systems führen daher zu pathologischen Erscheinungen und zu mehr oder weniger schweren Mißbildungen. Mängel an einzelnen endokrinen Drüsen können mitunter aber bei frühzeitiger Anpassung während der Entwicklung bis zu einem gewissen Grade durch andere ausgeglichen werden, wie dies bei den Keimorganen der Fall zu sein scheint. Aehnliche Zusammenhänge dürften auch zwischen der Ausbildung des endokrinen Systems und der Stammesentwicklung im Tierreich bestehen. Eine Ergänzung der vom Körper selbst erzeugten Hormone stellen die mit der Nahrung aufgenommenen Vitamine dar.

Wie zwischen einfachen Produkten des Stoffwechsels und spezifischen Reizstoffen ergeben sich auch bei den sie bildenden Zellen in verschiedenen Geweben aller drei Keimblätter Uebergänge von einer anderen Differenzierung zu den endokrinen Drüsen, die gemäß der Auffassung A. Kohns eine besondere Gruppe nur diesem Zweck dienender Organe darstellen, während die Erzeugung von Sekreten und Hormonen eine viel weiter verbreitete Erscheinung ist und infolge sekundärer Anpassung auch von andersartigen Zellen ausgeübt werden kann. So können Thymuszellen bei Fischen und Fröschen Schleim bilden, die Mastzellen des Mesenchyms scheiden Heparin aus, ja sogar gewisse Ganglienzellen des menschlichen Zwischenhirns scheinen nach ihren eigentümlichen Einschlüssen zu sezernieren und im Epistellarkörper des Gehirns von oktopoden Tintenfischen werden sie trotz Beibehaltung ihrer Form ganz zu Drüsenzellen. Alle Ganglienzellen scheiden aber an ihren Nervenenden bei der Uebertragung von Erregungen Adrenalin und Acetylcholin oder verwandte Stoffe aus, die bereits im Plasma der niedersten Wirbellosen festgestellt wurden und schon vor der Ausbildung eines Nervensystems auf humoralem Weg die Lebensvorgänge regeln. Außerdem treten für die Erzeugung des Adrenalins bereits in den Bauchganglien von Würmern chromaffine Zellen auf, die sich bei den Wirbeltieren zu eigenen Organen, den Paraganglien, zusammenschließen, während analoge, vielleicht Acetylcholin bildende Zellen, mit der fortschreitenden Sonderung des Parasympathicus vom Sympathicus in der Reihe der Wirbeltiere erst bei deren höchsten Vertretern in eigenen, von Watzka beschriebenen Paraganglien vorzukommen scheinen.

So zeigt sich an diesem Beispiel aus der vergleichenden Hormonforschung, deren allerdings noch sehr ergänzungsbedürftige Ergebnisse von Fleischmann, Hanström, Koller und v. Wense zusammenfassend dargestellt wurden, wie teilweise schon vor dem Auftreten eines Nervensystems zunächst aus dem allgemeinen Stoffwechsel Hormone hervorgehen, für deren Bildung weiterhin eigene Drüsen entstehen. Diese stellen daher auch beim Menschen nur den Kern eines Systems dar, zu dem noch andere Organe und Zellen gehören, wie von Feyrter u. a. ausgeführt wurde.

Dieses ganze endokrine System ist das Ergebnis einer langen Entwicklung, und seine einzelnen Glieder haben diese erst zum Teil beendet, teils befinden sie sich in einem zeitweiligen Stillstand, teils in einer Phase des Fort- oder auch Rückschrittes. Sie stehen somit auf verschiedenen Stufen der Ausbildung und zeigen mitunter, wie andere Organe, Besonderheiten, die infolge einer vorübergehenden Variabilität aufgetreten, aber vereinzelt geblieben sind, oder den Anfang einer Weiterentwicklung darstellen, während andere mit dem Aussterben der Art wieder verschwunden sein mögen. Daraus erklärt sich auch das Vorkommen von Ueberganserscheinungen und Bildungen mit unklarer Bedeutung als etwas ganz Selbstverständliches.

Da ferner die Entwicklung der Wirbellosen während der Ausbildung der Wirbeltiere weiter durch lange Zeit in eigenen Bahnen vor sich ging, ist es auch nicht verwunderlich, daß ihr endokrines System, soweit sich dies nach den Angaben in den erwähnten Abhandlungen beurteilen läßt, nicht ohneweiters mit dem der Wirbeltiere in Uebereinstimmung zu bringen ist, über das aus den entsprechenden Abschnitten des Handbuches der vergleichenden Anatomie von Bolk, Göppert, Kallius und Lubosch alles Wesentliche zu entnehmen ist. Teilt man aber die verschiedenen endokrinen Drüsen nach den genetischen Zusammenhängen in Gruppen ein, dann läßt sich immerhin ein Vergleich durchführen.

Vor allem zeigt sich dies bei den Abkömmlingen des ektodermalen Nervensystems. Die Ganglienzellen bilden ja selbst die bereits erwähnten Reizstoffe für die Uebertragung von Erregungen, die schon bei den niedersten Tieren vorkommen, und können auch in ihrem Zellkörper Sekrete enthalten. Bei den Cephalopoden und Arthropoden entwickeln sich ferner aus dem Nervengewebe endokrine Organe, die auf den Ablauf der Metamorphose Einfluß nehmen und im Zusammenhang mit den die Anpassung an die Umgebung vermittelnden Augen auch solche, die durch Formveränderungen der Pigmentzellen, vor allem der Melanophoren, einen Farbwechsel veranlassen. Dazu gehören das Corpus subpedunculare sowie die Epistellarkörper von Cephalopoden und bei den Crustaceen das sogenannte X-Organ am mittleren Teil des Augenstieles, das eine gewisse Uebereinstimmung mit dem am Zwischenhirn der Wirbeltiere auftretenden kaudalen Parietalorgan oder der Epiphyse zeigt. Diese geht ursprünglich vielleicht auf ein Sinnesorgan zurück, findet sich mit wenigen Ausnahmen in der ganzen Reihe der Wirbeltiere, aber in sehr wechselnder Ausbildung, und scheint sich beim Menschen mit ihrem hemmenden Einfluß auf die Geschlechtsentwicklung mehr auf die Jugend zu beschränken.

Dem Gehirn der Insekten sind die Corpora allata für die Erzeugung von Metamorphose- und Häutungshormonen angeschlossen und an ihrem Augenstiel findet sich die den Farbwechsel bewirkende Sinusdrüse. Diese steht dem Zwischenlappen der Hypophyse nahe, der die Pigmentzellen beeinflußt und dementsprechend bei den niederen Wirbeltieren gut entwickelt ist, beim Menschen dagegen rückgebildet erscheint, obwohl auch bei ihm Intermedin festgestellt wurde.

Von den dem Stamm der Wirbeltiere schon näher stehenden Manteltieren weisen die Ascidien eine Neuraldrüse oder nach anderen Angaben vor dem der Schilddrüsenanlage vergleichbaren Endostyl ein Grübchen auf, das der N e u r o h y p o p h y s e an die Seite gestellt wird. Diese stellt bei allen Wirbeltieren wie auch die Netzhaut des Auges und die Epiphyse eine Ausstülpung des selbst sekretorische Ganglienzellen enthaltenden Zwischenhirns dar; in ähnlicher Weise bildet dieses ferner bei Fischen den Saccus vasculosus sowie das rostrale Parietalorgan, das nur bei einzelnen Sauriern als rudimentäres Scheitelauge erhalten bleibt, die schlauchartige Paraphyse und den Dorsalsack, die alle den höheren Wirbeltieren fehlen und noch nicht genügend aufgeklärt sind. Der Hinterlappen der Hypophyse liefert ein in seiner Wirkung dem Adrenalin ähnliches, aber doch wesentlich anders beschaffenes Hormon und steht durch Lymphspalten in humoraler Verbindung mit dem Zwischenhirn, von dem anderseits Nerven zu ihm ziehen. Infolge der schon erwähnten Rückbildung des Zwischenlappens bei den höchsten Wirbeltieren tritt schließlich der ebenfalls bereits bei Neunaugen vorhandene V o r d e r l a p p e n d e r H y p o p h y s e zum Hinterlappen durch eindringende, hauptsächlich basophile Zellen in besonders innige Beziehung. Er nimmt durch seine die anderen Glieder des endokrinen Systems beeinflussenden Hormone unter ihnen eine zentrale Stellung ein und regelt die verschiedensten Funktionen des Körpers auf dem Blutweg, ähnlich wie das mit ihm so eng verbundene Zwischenhirn durch die vegetativen Nerven. Die überragende Bedeutung der Orohypophyse weist auf ein hohes phylogenetisches Alter und das Fehlen von Vorläufern bei den Wirbellosen auf eine Beteiligung an der Ausbildung des frühzeitig abgezweigten Wirbeltierstammes hin.

Eine andere Bildungsstätte von Hormonorganen ist das Gebiet der großen Gefäße über dem Herzen, wo sich bei Cephalopoden die auf die Pigmentzellen und den Tonus der Nervenzentren einwirkenden sogenannten hinteren Speicheldrüsen, das für das normale Wachstum wichtige Corpus branchiale und die Perikardialdrüse, ferner bei Insekten die Corpora cardiaca und bei Orthopteren die Pharyngealkörper finden. Bei den Wirbeltieren aber entstehen hier als Abkömmlinge des entodermalen Kiemendarmes, teilweise in segmentaler Anordnung, die branchiogenen Blutdrüsen. Von ihnen scheint die S c h i l d d r ü s e im Endostyl der Tunikaten ein Analogon zu haben, ebenso wie in der Hypobranchialrinne der Akranier und dem Hypobranchialsack der Neunaugenlarven, der sich dann bei der Metamorphose als Röhre abschließt und so eine ähnliche Entwicklung durchläuft wie die Schilddrüse aller anderen Wirbeltiere. Mit ihrem großen Einfluß auf den Stoffwechsel, Wärmehaushalt und die ganze Ausbildung des Körpers, die zugleich in einer ähnlichen Beziehung zum Vitamin A steht, dürfte sich eine entsprechende Rolle der Schilddrüse bei der Stammesentwicklung verbinden.

Bei den Fischen zeigt die sogenannte Pseudobranchie alle Stufen der Umwandlung von einem kiemenartigen zu einem den E p i t h e l k ö r p e r c h e n gleichenden Organ, deren Entwicklung von den Amphibien aufwärts durchweg ebenso vor sich geht. In ihrem lebenswichtigen Einfluß auf den Kalkstoffwechsel besteht eine gewisse Uebereinstimmung mit dem Vitamin D. Sie erfahren besonders beim Menschen durch das Auftreten oxyphilgekörnter Zellen und in höherem Alter durch die zunehmende Durchsetzung mit Fettzellen Aenderungen in ihrer Funktion und eine allmählich fortschreitende Degeneration, wie sie sich bei dem seinem Ursprung nach nahe verwandten Thymus vorwiegend schon mit dem Eintritt der Geschlechtsreife vollzieht. Für die Phylogenese ergeben sich aus diesem Verhalten der Epithelkörperchen Zusammenhänge mit der Ausbildung des kalkhaltigen Skelets.

Der T h y m u s scheint unter den Cyclostomen den Myxinoiden noch ganz zu fehlen, bei Neunaugen dagegen in einer Vorstufe aufzutreten und besteht bei den Fischen eigenartigerweise zum Teil aus schleimhaltigen Zellen. Bei einzelnen Säugetieren kommt es während der Entwicklung zu einer Rückbildung des entodermalen Thymus und seinem Ersatz vom benachbarten Ektoderm aus. Seine Bedeutung liegt vor der mehr oder weniger weitgehenden Altersinvolution in der Förderung des Wachstums und dem Gehalt an Lymphozyten, wodurch er ebenso wie auch entwicklungsgeschichtlich zu den Tonsillen in naher Beziehung steht und dem Schutz des Körpers gegen schädliche Stoffe dient. Aehnliches scheint für den Jugularkörper sowie für das Corpus propericardiale und procoracoidale der Amphibien zu gelten. Alle diese Organe nehmen eine noch nicht vollkommen geklärte Stellung mehr an der Peripherie des endokrinen Systems ein, und dasselbe gilt für den u l t i m o b r a n c h i a l e n Körper, der bei den Selachiern und Knochenfischen als Supraperikardialkörper auftritt, bei den höheren Wirbeltieren aber meist in das Schilddrüsengewebe übergeht und daher bei erwachsenen Säugetieren oft nur in Verbindung mit Mißbildungen zu erkennen ist.

Wie diese Blutdrüsen entwickeln sich in engster Verbindung mit den Gefäßen des erst an der Wurzel des Wirbeltierstammes entstandenen Pfortadersystems Drüsen von besonderem Bau, die ihre Erzeugnisse teilweise statt in einen Ausführungsgang in die Gefäße entleeren und so dem Stoffwechsel des ganzen Körpers unmittelbar dienen oder ihn durch Hormone auf dem Blutweg regeln.

Bei den Mollusken findet sich in diesem Bereich die große Mitteldarmdrüse, die noch selbst Nahrung in ihr Lumen aufnimmt. Ihr ähnelt die L e b e r vom Amphioxus sowie deren Anlage als Ausbuchtung des Darmes bei allen Wirbeltieren, doch vollzog sich schon bei deren Vorfahren zugleich mit der weiteren Entwicklung und der Teilung der Funktion zwischen der eigentlichen Leber und dem dazukommenden Pankreas die Sonderung vom Darm unter Ausbildung einer unmittelbaren Gefäßverbindung. Dies führte in einer Phase größerer Variabilität bei den Cyclostomen dazu, daß die Leber ihren bei den Larven in den Darm mündenden Ausführungsgang während der Metamorphose ganz verliert und ihre Erzeugnisse bei den bald darauf nach der Fortpflanzung zugrunde gehenden und durch den Mund keine Nahrung mehr aufnehmenden Neunaugen zur Beförderung wie bei endokrinen Drüsen ganz dem Blut übergibt.

Von den Fischen aufwärts nimmt die Leber dagegen unter

Erhaltung des Ausführungsganges in fortschreitender Vervollkommnung einen eigenartigen zugleich endo- und exokrinen Bau an, während gleichzeitig eine andere Wurzel der Pfortader die nun erst auftretende, durch den Abbau von Erythrozyten für die Gallenbereitung wichtige Milz an sie anschließt.

Durch eine weitere Pfortaderwurzel wird der Leber das Pankreas vorgeschaltet, das bei den Cyclostomen anscheinend schon im Larvenstadium keinen Ausführungsgang besitzt, also rein endokrin ist, während es von den Fischen aufwärts neben dem als exokrine Drüse entstehenden, Verdauungsfermente in den Darm entleerenden Anteil als Langerhanssche Inseln einen endokrinen aufweist, die beide anscheinend auch später noch durch gegenseitige Umwandlung ineinander übergehen können. Das von diesen innersekretorischen Teilorganen erzeugte Insulin wird so durch die Pfortader zusammen mit den im Darm resorbierten Kohlehydraten in die Leber gebracht und sorgt hier für deren Zurückhaltung, während das Adrenalin der Nebenniere als Gegenspieler die Lösung des gespeicherten Glykogens bewirkt.

In diesem ganzen Apparat wurden ferner verschiedene Stoffe festgestellt, deren Bildungsstätten noch nicht genau bekannt sind. So dient zur Anregung der Ausscheidung des Pankreas die Erzeugung von Sekretin im Darm, und dessen Muskulatur erfährt durch das vielleicht aus der Nebenniere stammende Cholin in seiner Wand eine Steigerung ihrer Tätigkeit. Ferner enthält die Leber einen in Verbindung mit dem Magen aus der Nahrung gebildeten Stoff, dessen Fehlen zur perniziösen Anämie führt. Im Zusammenhang mit diesen Problemen ist anderseits auf die noch nicht geklärte Bedeutung der basalgekörnten Zellen des Darmepithels hinzuweisen, die sich nach Feyrter durch Endophytie von ihm sondern und im Bindegewebe liegende, vielleicht endokrine Gruppen bilden, durch geschwulstartige Wucherung aber zu den eigentümlichen Carcinoiden werden können. Die gleiche Entwicklung nehmen die von Feyrter beschriebenen, rudimentären Langerhansschen Inseln ähnlichen Zellgruppen an den Ausführungsgängen des menschlichen Pankreas. Bei diesen Erscheinungen, die nicht von vornherein pathologisch zu werten sind, ergibt sich die Frage, ob es sich um Ansätze zu neuartigen Bildungen handelt, die bei der Fortsetzung der Stammesentwicklung für ihre uns noch nicht bekannte Funktion eine weitere Ausbildung erfahren können, also vielleicht eine Reaktion der Natur auf neue Bedürfnisse darstellen.

Etwas Aehnliches scheint für die sogenannte Macula densa des den Nierenkörperchen anliegenden Abschnittes der Harnkanälchen und die nach Becher, Feyrter, Schloß u. a. teilweise ebenfalls durch Endophytie daraus hervorgehenden Zellgruppen zu gelten, die vielleicht an einer Regelung der Harnabsonderung innerhalb der Niere beteiligt sind.

Aus diesem Bereich des Mesoderms als einem weiteren Ursprungsgebiet für endokrine Bildungen stammen ferner Fettkörper, die neben dem übrigen Fettgewebe des ganzen Körpers eine besondere Stellung einnehmen. Bei Insekten werden solche, die sich von der Coelomwand abgliedern und ursprünglich segmental angeordnet sind, mit der Ausbildung der reifen Eierstöcke in Zusammenhang gebracht. Die mächtigen Fettkörper, die aus dem kranialen Teil der Geschlechtsleisten von Amphibien hervorgehen, stehen als Speicher für die Zeit ungenügender Nahrungsaufnahme wohl vor allem im Dienste der damit zusammenfallenden periodischen Geschlechtstätigkeit. Dasselbe gilt für das sich auch in seiner chemischen Zusammensetzung vom allgemeiner verbreiteten gelben Fettgewebe unterscheidende braune multivakuoläre, das sich bei vielen Säugetieren an verschiedenen Stellen des Körpers, so als sogenannte Winterschlafdrüse im Bereich des Halses, ferner im Bauch, vor allem in der Umgebung der Nieren findet. Bei manchen Säugern, wie dem Dachs, besteht auch das ganze Mark des Eierstockes aus einem Fettgewebe, das in die den später zu besprechenden Zwischenzellen des Hodens nahestehenden lipoidhaltigen Zellen des Rindengewebes ohne scharfe Grenze übergeht.

Ein ähnliches lipoidhaltiges Gewebe besonderer Art bildet die Rinde der menschlichen Nebenniere, die an der

Regelung verschiedener Stoffwechselvorgänge beteiligt ist, spezifische, zur Geschlechtsentwicklung und -tätigkeit in Beziehung stehende Fettstoffe und außerdem Vitamin C enthält. Sie scheint unter den Würmern in den Internephridialorganen von Physcosoma lanzarotae ein Analogon zu haben und stellt bei Selachiern als Interrenalkörper noch ein selbständiges Organ dar, zeigt aber in der Reihe der Wirbeltiere eine wahrscheinlich für die Wirksamkeit des Adrenalins bedeutsame Neigung zu fortschreitender Vereinigung mit den vom ektodermalen Nervengewebe stammenden, auch zur Pigmentbildung in Beziehung stehenden, chromaffinen Zellen. Solche wurden schon in den Bauchganglien von Anneliden festgestellt und bei den Cyclostomen in der Wand großer Arterien, mancher Venen und Lymphgefäße, sowie als Gruppen im Körper verstreut, gefunden, wie sie auch während der Entwicklung des Menschen zunächst an verschiedenen Stellen in Verbindung mit sympathischen Nerven auftreten. Diese Paraganglien werden aber während der Jugend fast überall zurückgebildet, bis auf das größte, das unter besonderer Ausbildung des Gefäßsystems zum Mark der Nebenniere wird. Auch selbständiges Interrenalgewebe findet sich bei den Säugetieren nur ausnahmsweise, hauptsächlich im Bereich der Keimorgane. Eine einzigartige Besonderheit ist das bisher unaufgeklärte regelmäßige Vorkommen zwischen den Lipoidzellen verteilter oxyphilgekörnter Zellen in der Nebenniere von Rana esculenta schon bei den Larven, während ich bei anderen Amphibien und selbst nahe verwandten Froscharten vergeblich nach etwas Aehnlichem gesucht habe.

Nur bei Knochenfischen gibt es ferner im Bereich der Nieren die Stanniusschen Körperchen, endokrine Organe, die vom mesodermalen Epithel der Urnierengänge stammen sollen und hinsichtlich ihrer Bedeutung noch der Aufklärung harren.

Die Keimorgane scheinen bei den Insekten, die oft besonders auffallende sekundäre Geschlechtsmerkmale besitzen, keinen Einfluß auf deren Entwicklung auszuüben, im Gegensatz zu den Würmern, Echinodermen, Mollusken, Crustaceen und allen Wirbeltieren, bei denen dies zweifellos der Fall ist. Im Eierstock der Säugetiere ist es vor allem das die Keimzellen umgebende Epithel mesodermaler Herkunft, das in den schon bei niederen Wirbeltieren in Vorstufen auftretenden Corpora lutea vorübergehend typische endokrine Drüsen zur Erzeugung eines spezifischen Geschlechtshormones ausbildet, aber auch zuvor ein anderes mit dem Liquor in den Hohlraum der reifenden Follikel abscheidet. Bei den männlichen Wirbeltieren können gleichfalls auffallende Geschlechtsmerkmale, wie das sogenannte Hochzeitskleid der Wassermolche, durch Reizstoffe hervorgerufen werden, die zweifellos aus den Hodenkanälchen, und zwar vor allem von den Sertolischen Zellen stammen.

Manche Geschlechtserscheinungen bei anderen Wirbeltieren sprechen aber dafür, daß an solchen auch die aus dem Stroma der Keimorgane hervorgehenden Zwischenzellen beteiligt sind, die hochzusammengesetzte Lipoide sowie Vitamin C enthalten, daher den Interrenalzellen nahestehen und bei beiden Geschlechtern in analoger, sehr wechselnder Ausbildung vorkommen.

Die von Leydig zuerst beschriebenen Zwischenzellen des Hodens wurden schon bei Myxine und einzelnen Selachiern festgestellt, scheinen dagegen manchen Knochenfischen und Urodelen ebenso wie den Wirbellosen noch zu fehlen, während sie bei den Anuren und höheren Wirbeltieren durchweg vorkommen. Sie zeigen bei jenen im Spätsommer die beste Ausbildung, während ihre Lipoide, die im Winter noch reichlich vorhanden sind, vor der Brunst vollkommen verschwinden. Bei den Reptilien und Vögeln finden sich ebenfalls über den Sommer stets reichlich, nach Abnahme ihres Lipoidgehaltes über den Winter dagegen während der regsten Spermiogenese keine Zwischenzellen. Bei der Hausgans jedoch ist ihre Menge nach Stieve zur Fortpflanzungszeit besonders groß. Solche Unregelmäßigkeiten zeigen sich bei den Säugetieren in viel auffallenderer Weise im Hoden wie auch im Eierstock und sprechen dafür, daß die Zwischenzellen trotz ihrer wahrscheinlichen Beteiligung an der Erzeugung von Geschlechtshormonen nicht für sich allein als endokrine Drüsen betrachtet werden können, sondern gleich manchen anderen, zum endokrinen System in Beziehung stehenden Zellen als Hilfsorgan mehr eine Uebergangsstellung einnehmen, wie ich kürzlich in dieser Wochenschrift gezeigt habe.

Eine solche eher vermittelnde als entschieden für eine der gegensätzlichen Auffassung eintretende Beurteilung der Zwischenzellen mag zunächst unklar und daher nicht ganz befriedigend erscheinen; sie ergibt sich jedoch als durchaus natürlich, wenn man aus dem vorliegenden, in vieler Hinsicht noch unsicheren und ergänzungsbedürftigen Versuch in die Pylogenese des ganzen endokrinen Systems Einblick zu gewinnen, entnimmt, daß dieses, in weiten Zeiträumen betrachtet, nicht eine vollkommen unveränderliche, stabile, sondern eine bald mehr, bald weniger im Flusse befindliche Einrichtung ist, die gerade dadurch besonders im Wirbeltierstamm auch einen wesentlichen Anteil an der vielfältigen Ausbildung seiner einzelnen Vertreter haben dürfte.

II. A. Das wechselnde Verhalten der Zwischenzellen im ganzen Lebensablauf.

Bei einer Untersuchung tierischer Eierstöcke gab der wechselnde Gehalt an fetthaltigen Zellen, die unter der Bezeichnung Zwischenzellen zusammengefaßt werden können, die Veranlassung, auch die Leydigschen Zellen des Hodens neuerdings einer Bearbeitung zu unterziehen. Das umfangreiche Schrifttum wurde nach den Referaten im anatomischen und biologischen Bericht zusammengestellt und, soweit dies bei der zeitbedingten Beschränkung auf die Institutsbibliothek möglich war, die Frage nach der Bedeutung dieser Zellen weiterverfolgt, die bereits 1923 Gegenstand meines in der Wiener klinischen Wochenschrift veröffentlichten Probevortrages „Zwischenzellen und Samenepithel" war. Sie wurde damals und noch durch längere Zeit von verschiedenen Seiten mit großer Leidenschaft, daher aber auch nicht immer mit wissenschaftlicher Sachlichkeit behandelt, und zu einem Ausgleich der Gegensätze ist es bis heute nicht gekommen. Dies liegt zum Teil daran, daß die gegnerischen Angaben bei der Verfolgung der eigenen Auffassung nicht immer genügend berücksichtigt wurden, zum Teil aber ließen die in einer fast unübersehbaren Zahl von Abhandlungen enthaltenen Beobachtungen infolge der schwer erreichbaren Exaktheit noch immer viele Lücken bestehen, so daß ein abschließendes Urteil nicht möglich war.

S t i e v e (1933), von dem die zahlreichsten und eingehendsten Untersuchungen über die Zwischenzellen des Hodens stammen, blieb auch in seinem zusammenfassenden Beitrag zum Handbuch der vergleichenden Anatomie der Wirbeltiere bei seiner Ansicht, daß die geschlechtliche Beeinflussung des Körpers von den Keimzellen selbst ausgeht und die in sehr wechselnder Ausbildung auftretenden, oft gerade während der stärksten Geschlechtstätigkeit kaum nachweisbaren Zwischenzellen nur ein trophisches Hilfsorgan sind, wie dies in ähnlicher Weise auch von H a r m s (1926) und vielen anderen angenommen wurde. S t e i n a c h (1936) meint dagegen in einem den Abschluß seines großen Lebenswerkes darstellenden Aufsatz, daß die von B o u i n und A n c e l (1903, 1923) stammende endokrine Deutung der Zwischenzellen und ihre von ihm, W a g n e r (1925) und anderen Schülern vertretene Auffassung als Pubertätsdrüse gesiegt habe, trägt zugleich aber berechtigten Einwänden gerade gegen diese Bezeichnung doch Rechnung, indem er nur mehr von einer Hormondrüse spricht. Er konnte sich dabei auf R o m e i s (1933, 1943) als bekehrten Gegner berufen, dem es bei Katzen gelungen ist, die Wirksamkeit von Hoden nachzuweisen, die außer bedeutungslosen Resten zugrunde gegangener Samenkanälchen nur noch Zwischenzellen enthielten, also anscheinend eine rein endokrine Drüse darstellten, wobei dieser Autor aber betont, daß sonst vielleicht auch der spermatogenetische Anteil mit den Sertolischen Zellen ein die Ausbildung der sekundären Geschlechtsmerkmale bewirkendes Hormon liefert oder seine Wirksamkeit steigert.

Schon diese Tatsachen lassen wohl nur den Schluß zu, daß die Wahrheit irgendwo zwischen diesen so unversöhnlich vertretenen, schließlich aber doch nur dem Schein nach unvereinbaren Auffassungen liegen muß. Für eine solche Vermittlung glaubte ich schon vor 20 Jahren Anhaltspunkte zu finden, zu denen inzwischen noch viele ergänzende und auch berichtigende Beobachtungen sowie

14 Verhalten der Zwischenzellen im ganzen Lebensablauf.

neue Einblicke in die ganzen Zusammenhänge der Geschlechtserscheinungen gekommen sind, so daß wir einer Klärung dieser langwierigen Streitfrage trotz der vielen Widersprüche jedenfalls näherkommen können.

In erster Linie ist es das bei den verschiedenen Säugerarten, ferner bei jedem einzelnen Tier während der Entwicklung und im Alter, aber auch bei den zyklischen Schwankungen des Geschlechtslebens und unter Wirkung verschiedener Beeinflussungen sehr wechselnde Vorkommen der Zwischenzellen, dessen richtige Deutung wichtige Aufschlüsse bringen muß. Ihre Menge kann, wie vor allem S t i e v e in vielen mühsamen Untersuchungen gezeigt hat, nur bei sorgfältiger Berücksichtigung der Größe des ganzen Hodens halbwegs zuverlässig ermittelt werden, wobei noch der Anteil am gesamten Zwischengewebe und ihr Funktionszustand zu beachten sind. Außerdem scheint es mir notwendig, dem Auftreten von offenbar gleichartigen Zwischenzellen außerhalb des Hodens Rechnung zu tragen und das Verhalten der ihnen entwicklungsgeschichtlich sowie morphologisch sehr nahestehenden Rindenzellen der Nebenniere mit zur Beurteilung heranzuziehen. Schließlich sind auch von einer gründlicheren Untersuchung der anscheinend nicht identischen, aber doch jenen des Hodens sehr ähnlichen fettspeichernden Zellen des Eierstockes neue Einblicke zu erwarten, da hinsichtlich des Wechsels der Menge nach meinen Befunden bei verschiedenen Säugetieren ebenfalls eine weitgehende Uebereinstimmung, mitunter aber, wie im Ovotestis des Maulwurfes, auch ein auffallender Unterschied zwischen beiden Geschlechtern besteht.

Die meisten Angaben über das mehr oder weniger reichliche Vorkommen von Zwischenzellen im Hoden der verschiedenen Säugetiere, auf das vor allem L e u p o l d (1920), L e n n i n g e r (1923), S t i e v e (1924, 1925, 1933), H a r m s (1926) und S a l l e r (1926) hinweisen, haben leider nur einen bedingten Wert, da es sich in der Regel nicht um genaue Feststellungen des Mengenverhältnisses zum ganzen generativen Anteil handelt und die betreffende Tierart meist nicht in verschiedenen Stadien der Geschlechtstätigkeit untersucht wurde. Auch der große Einfluß eines längeren Lebens in der Gefangenschaft oder ein pathologischer Zustand des Tieres wird nicht immer genügend berücksichtigt, was besonders für exotische Arten gilt. Diese Einschränkungen müssen gemacht werden, wenn versucht wird, aus der folgenden kurzen Uebersicht über die Gesamtmenge der Zwischenzellen bei verschiedenen Säugetieren allgemeine Schlüsse zu ziehen.

Beim Schnabeltier konnte Messing (1877) nur sehr wenig Zwischenzellen feststellen.

Von den Beuteltieren weist das Riesenkänguruh nach Silbermann (1929) im Hoden viel Zwischenzellen auf, während ich sie beim Opossum zwischen den aktiven Samenkanälchen in mäßiger Menge fand.

Sehr viel Zwischenzellen enthalten die Hoden nach übereinstimmenden Angaben von Popoff (1908), Tandler und Grosz (1911), Walker (1924), Pelegrini (1924, 1925), Wagner (1925), Stieve (1933), Skowron (1938) u. a. bei den Insektivoren mit langer Geschlechtsruhe, ganz besonders dem keinen Winterschlaf haltenden Maulwurf, was Stieve mit der reichlichen Nahrungsaufnahme dieses Tieres in Zusammenhang bringt. Nur zur Zeit der regsten Spermiogenese treten sie bei ihm genau so wie bei dem zu den Winterschläfern gehörenden Igel stark zurück, wogegen ich sie bei Spitzmäusen mit einer viel kürzeren Periode geschlechtlicher Inaktivität selbst während dieser nur spärlich finde.

Nach Popoff (1908), Pelegrini (1924, 1925), Courrier (1923), Harms (1926), Hartmann (1927), Vignoli (1930) und meinen Befunden weisen auch die Fledermäuse, bei denen sich die nur einmal im Jahr stattfindende Begattung vor, die Befruchtung aber erst nach dem langen Winterschlaf vollzieht, viel Zwischenzellen auf, doch scheint mir ihre Menge bei Rhinolophus hipposideros etwas geringer als bei Eptesicus serotinus im gleichen Tätigkeitszustand des Hodens.

Mehr oder weniger reich an Zwischenzellen sind die Hoden auch bei den Raubtieren mit Einschluß der Robben, wie aus den Befunden von Plato (1896), Popoff (1908), Harms (1914, 1924), Sand (1922), Leninger (1923), Parizek (1923), Stieve (1925, 1933), Hermann (1925),

Wagner (1925), Romeis (1926), Oslund (1928), Silbermann (1929) u. a. hervorgeht. So gehört der Dachs, der sich im Spätsommer bis Herbst paart und vor dem Winterschlaf viel Fett ansetzt, zu den Tieren, die im Hoden wie auch im Eierstock die meisten Zwischenzellen besitzen, wogegen ich sie bei den Mardern vor wie während der Geschlechtsreife nur in kleineren Gruppen nahe dem Rete finde. Sehr zahlreich waren ferner bei einem von Silbermann untersuchten jungen Lippenbären zwischen den noch keine Spermiogenese zeigenden Kanälchen kleine, nur vereinzelt Lipoidtröpfchen enthaltende Zwischenzellen vorhanden. Reichlich scheinen sie sich ferner im Hoden des Löwen zu finden, aber auch bei der Katze und nicht viel spärlicher beim Hund, deren Fortpflanzung durch die Domestikation beeinflußt ist. Bei einem in der Gefangenschaft zugrunde gegangenen Seelöwen fand ich große Gruppen kleiner lipoidarmer Zwischenzellen in den Zwickeln zwischen den fast inaktiven Samenkanälchen.

Bei den Walen dagegen, die unter verhältnismäßig geringem Wechsel der Lebensbedingungen große Massen von Fett an der Körperoberfläche ansammeln, sind die Hoden nach Harms (1926), Ping (1926) und Silbermann (1929) selbst im jugendlichen Zustand sehr arm an Zwischenzellen, doch wäre noch festzustellen, ob dies auch für die bei den einzelnen Arten anscheinend verschieden lang dauernde Ruhezeit der Geschlechtsorgane gilt.

Im Hoden der Nagetiere zeigt die Menge der Zwischenzellen nach Messing (1877), v. Hansemann (1895), Popoff (1908), Harms (1914), Romeis (1920), Parizek (1923), Stieve (1923, 1924, 1925, 1933), Wagner (1925), Chiando (1925), Lundgren (1925), Saller (1926), Oslund (1928), Silbermann (1929) u. a. besonders große Unterschiede, woraus sich bemerkenswerte Uebereinstimmungen mit den wechselnden Lebensbedingungen und Fortpflanzungsverhältnissen ergeben. Weitere gründliche Untersuchungen von Vertretern gerade dieser Ordnung aus anderen, besonders auch tropischen Gegenden, könnten daher noch wertvolle Aufschlüsse bringen. So sind die Zwischenzellen zwar bei den Winterschläfern Murmeltier, Ziesel und Hamster, die alle während ihrer langen

Geschlechtsruhe viel Fett ansetzen, reichlich vorhanden, bei den während eines großen Teiles des Jahres brünstigen Hasen, Kaninchen, Meerschweinchen, Ratten, Mäusen und Wühlmäusen, die alle keinen Winterschlaf halten, weniger zahlreich und bei der an das Leben in tropischen Wüsten und Steppen angepaßten, sich rege fortpflanzenden Pyramidenmaus besonders spärlich. Auch das bis auf vier Würfe im Jahr kommende und nur einen kürzeren Winterschlaf haltende Eichhörnchen weist sehr wenig Zwischenzellen auf. Ebenso konnte ich bei Männchen des Gartenschläfers, der sich meist nur im Mai paart, als besonders gefräßig gilt und einen sehr langen Winterschlaf hält, im November und Dezember bei erst beginnender Spermiogenese nur sehr wenig Zwischenzellen feststellen, was noch durch Untersuchung weiterer Tiere aus anderen Jahreszeiten geklärt werden muß.

Die Huftiere zeigen nach den Angaben von Popoff (1908), Tandler und Grosz (1911), Demuth (1921), Kunze (1922), Lenninger (1923), Parizek (1923), Stieve (1923, 1933), Sorg (1924), Wagner (1925), Harms (1926), Hermann (1927), Bascom und Osterud (1927), Silbermann (1929), Weiß (1929), Grapmanis (1931) u. a. ebenfalls beträchtliche Unterschiede im Gehalt des Hodens an Zwischenzellen. So zeichnet sich das für die Mästung besonders geeignete, im April und September brünstige Hausschwein wie das um den Dezember brünstige, während der besseren Jahreszeit also inaktive Wildschwein durch die Menge der Zwischenzellen aus und fast ebensosehr das Pferd, dessen Paarungszeit in das Frühjahr fällt. Weniger zahlreich sind sie in den während der besseren Jahreszeit in Samenbildung begriffenen Hoden der viel später im Jahre brünstigen Rehe, Hirsche und Gemsen, am spärlichsten aber bei den wiederholt oder durch längere Zeit brünstigen Rindern, Schafen und Ziegen. Dies hängt wahrscheinlich mit der Domestikation zusammen, die zu einer gleichmäßigeren, weniger von der Jahreszeit abhängigen Ernährung führt und auch die vor allem bei den Winterschläfern scharf ausgeprägte Periodizität der Brunst mehr oder weniger verwischt.

Aehnlich dürfte sich bei manchen Affen das Leben in

18 Verhalten der Zwischenzellen im ganzen Lebensablauf.

den Tropen durch eine geringere Beschränkung der Geschlechtstätigkeit auswirken und so vielleicht die Ursache sein, daß der Hoden des Schimpansen nach Retterer (1924), Voronoff (1927) und Stieve (1933) verhältnismäßig wenig Zwischenzellen aufweist. Silbermann (1929) fand sie aber unter einer größeren Zahl von Arten bei dem fast ständig brünstigen Pavian immerhin zahlreicher als beim Menschen, bei einem erwachsenen Cercocebus fuliginosus am Beginn der Brunst in einem ähnlichen Verhältnis zu den Kanälchen wie bei Hengst und Eber, und im Ruhehoden des nahe verwandten Cebus albifrons gegenüber den stark zurückgebildeten Kanälchen sogar bedeutend überwiegend. In dem durch lange Gefangenschaft geschädigten Hoden eines Manatus manatus bestand das Gewebe zwischen den atrophischen Kanälchen aus dichten Massen sehr kleiner Zwischenzellen. In guter Ausbildung zeigten sich diese ferner bei einem jungen und einem etwas älteren Macacus rhesus, während ich bei einem noch jüngeren Tier vor Beginn der Spermiogenese von Zwischenzellen kaum etwas feststellen konnte, bei Lagothrix lagotricha hingegen zwischen den Kanälchen mit beginnender Spermiogenese größere Ansammlungen sehr kleiner, fast nur die Kerne aufweisender Zwischenzellen fand.

Bei dem von den Einflüssen der Jahreszeiten auf die Ernährung und die periodischen Schwankungen der Geschlechtstätigkeit fast unabhängigen Menschen ist die Menge der Zwischenzellen im allgemeinen ebenfalls gering und ein reichlicheres Auftreten, wie es bereits Messing (1877) beschrieben hat, geht auf besondere Ursachen zurück. Mit Recht wurde ja schon von Leupold (1920), Kyrle (1922), Stieve (1925), Saller (1926) u. a. hervorgehoben, daß der Zustand des Hodens in hohem Grade von dem des Gesamtkörpers abhängig ist und, wie Stieve (1924) gerade beim Menschen festgestellt hat, wird er auch durch seelische Erregungen stark beeinflußt. So fiel mir bereits seit langem an frischem menschlichem Sektionsmaterial ein sehr wechselndes Verhalten der Zwischenzellen hinsichtlich ihrer Menge, ihres Aussehens, des Fett- und Pigmentgehaltes auf, was sich wahrscheinlich vor allem aus der mit der Todesursache zusammenhängenden Beeinflussung des ganzen Stoffwechsels sowie der Geschlechtstätigkeit erklärt, und auch bei Hingerichteten treten sie stärker hervor. Obwohl diese vergleichenden Angaben über die durchschnittliche Menge der Zwischenzellen im Hoden verschiedener Säugetiere zum Teil erst durch exaktere Untersuchungen überprüft werden müssen und dabei noch manche Ergänzungen oder vielleicht auch einige Aenderungen erfahren werden, dürfte sich doch bereits mit Sicherheit sagen lassen, daß die Ausbildung der Zwischenzellen zur phylogenetischen Stellung des Tieres in keiner unmittelbaren Beziehung steht, da auch nahe Verwandte, wie sich besonders bei den Nagern zeigt, große Unterschiede aufweisen können. Eher führt wohl die gleichartige Lebensweise zu einer Uebereinstimmung hinsichtlich der Zwischenzellen, wie es bei Fledermäusen und Walen den Anschein hat. Das Leben in den Tropen scheint aber nach den Unterschieden bei den Affen keinen ausschlaggebenden Einfluß zu haben. Dagegen lassen sich Zusammenhänge mit dem periodischen Wechsel der Ernährung und der Geschlechtstätigkeit besonders bei Nage-, Raub- und Huftieren feststellen, woraus sich auch Beziehungen zum Winterschlaf ergeben. So ist die Menge der Zwischenzellen bei Tieren, die zeitweilig viel Nahrung aufnehmen und dadurch zu einem starken Fettansatz kommen, im allgemeinen groß, wenn sie nicht durch gleichzeitige Spermiogenese in den Samenkanälchen eine Einschränkung erfährt. Sie steht daher in einem umgekehrten Verhältnis zur Dauer oder der öfteren Wiederkehr der Brunst im Laufe des Jahres. Dagegen läßt sich kein Zusammenhang mit dem Grad der Ausbildung sekundärer Geschlechtsmerkmale feststellen, die gerade bei dem viele Zwischenzellen besitzenden Maulwurf, Dachs, Murmeltier und Schwein schwächer ausgeprägt sind, als bei geweihtragenden Huftieren, bei verschiedenen Affen und auch beim Menschen mit weniger Zwischenzellen. Sie dürften wie auch das Hochzeitskleid der Molche und andere Geschlechtserscheinungen bei niederen Wirbeltieren hauptsächlich unter dem Einfluß der Samenbildung stehen.

Um nun zu weiteren Schlüssen über die Bedeutung der Zwischenzellen zu gelangen, ist es vor allem notwendig, ihr Verhalten in verschiedenen Alters- und Funktionsstadien des einzelnen Tieres sowie ihre Beziehungen zum ganzen Stoffwechsel und zu den endokrinen Drüsen, besonders der Nebenniere, zu berücksichtigen.

Die beim Vergleich verschiedener Säugetierarten festgestellten Unterschiede in der Menge der Zwischenzellen zeigen sich schon während der Entwicklung der Hoden, die aus einem von den Ursegmentstielen stammenden, noch besonders weitgehende Entwicklungspotenzen besitzenden, mesodermalen Blastem entstehen. Aus ihm gehen frühzeitig auch die Zwischenzellen unmittelbar hervor, oder nach einer anderen Auffassung aus den in ihm plötzlich auftretenden epithelialen Keimsträngen, was aber am mesodermalen Ursprung nichts ändert. Die später in einem zweiten und dritten Schub entstehenden, durchaus gleichartigen Zwischenzellen entwickeln sich zweifellos aus primitiven Zellen des Mesenchyms und können bei der Rückbildung wieder deren Aussehen annehmen. Eine Veranlassung mit Cejka (1923) u. a., verschiedene Arten von Zwischenzellen zu unterscheiden und besonders die zuerst auftretenden in engere Beziehung zu den epithelialen Gebilden, oder mit Stieve zu den Keimzellen selbst zu bringen, liegt nach dem gleichartigen Verhalten nicht vor und widerspricht der von anderer Seite vertretenen Auffassung, daß sich die Keimzellen auch beim Menschen schon am Anfang der Differenzierung von den übrigen Körperzellen sondern und erst nach der Anlage der Keimorgane in diese einwandern. Ebenso finden sich im Eierstock fettspeichernde Zellen, zu denen auch die vom Follikelepithel stammenden Luteinzellen der gelben Körper genetisch und funktionell in enger Beziehung stehen. Allerdings besteht zwischen den Zwischenzellen des Eierstockes und des Hodens nach Kohn (1928) auch keine vollständige Homologie, sondern nur eine Analogie, wie zwischen dem Follikelepithel und den Sertolischen Zellen, oder den beiderseitigen Keimzellen.

Nach dem Verhalten gegen Vitalfarbstoffe stehen die Zwischenzellen, wie die Untersuchungen von Goldmann (1909, 1912), Takamori (1921), Cejka (1922) u. a. gezeigt haben, den Histiozyten sehr nahe, doch sind sie, wie schon Tourneux (1879) festgestellt hat, auch mit den gleichfalls Vitamin C enthaltenden Decidua- und Nebennierenrindenzellen verwandt, von denen die ersteren statt Lipoiden Glykogen speichern. Alle zusammen bilden, wie ich (1938) bereits bei der Anatomenversammlung in Budapest und auch in meinem Lehrbuch zum Ausdruck gebracht habe, mit den Zellen des braunen und gelben Fettgewebes die Gruppe der mesenchymalen Speicherzellen. Auch Romeis (1943) hat auf die Uebereinstimmungen zwischen den der Bereitung verschiedener Sterine dienenden Zellen der Keimorgane und Nebennierenrinde hingewiesen.

Beim Menschen treten die Zwischenzellen im Hoden nach Kitahara (1923), Stieve (1933) u. a. im ersten bis zweiten Embryonalmonat auf, erreichen im vierten Monat einen Höhepunkt gegenüber dem generativen Anteil, enthalten aber weniger Lipoide als beim Erwachsenen und niemals Kristalloide. Sie bilden sich vom fünften Monat an bis über die Geburt allmählich zurück, so daß sie vom zweiten Lebensjahr an meist nicht mehr nachweisbar sind. Erst im zwölften Lebensjahr treten sie wieder deutlich hervor, nehmen weiterhin an Zahl und Größe dauernd zu und enthalten nach dem zwanzigsten Lebensjahr neben Lipoiden auch Lipofuscin. Bemerkenswert erscheint, daß auch die Nebennierenrinde beim menschlichen Embryo nach Kohn (1914, 1924) infolge eines von der Mutter ausgehenden Einflusses zunächst eine auffallende Größe erlangt und nach der Geburt eine starke Rückbildung erfährt, bei Anencephalie aber klein bleibt, was auf Beziehungen zur Hypophyse hinweist. Ein kürzlich untersuchter Akranier mit normalem Zwilling wies indessen eine einzige, große Nebenniere auf.

Einen ähnlichen Rückgang zeigen die zunächst reichlich auftretenden Zwischenzellen nach Parizek (1923), Harms (1926) und meinen Befunden während der Entwicklung auch beim Meerschweinchen, das bis zum Wurf einen ungewöhnlichen Grad von Reife erreicht, wogegen ich sie bei verschiedenen Säugetieren mit früher eintretendem Wurf, wie Steinmarder, Hund und Katze, nach diesem zwar auch bereits in verminderter, aber doch noch beträchtlicher Menge finde. In Uebereinstimmung mit Angaben von Lundgren (1925, 1926) gilt dies auch für das Kaninchen, nach W a t s o n (1927) für Ratten und nach S t i e v e (1924) und S a l l e r (1926) ebenso für Mäuse. Nur solche Feldmäuse, die erst im Herbst geworfen und vor dem Winter nicht mehr geschlechtsreif werden, weisen während dieser Jahreszeit im Hoden noch reichlich Zwischenzellen auf, die im Frühjahr zunächst eine Rückbildung erfahren, wogegen sich bei den früher geworfenen und noch im gleichen Jahr zu voller Spermiogenese gelangenden Tieren vor dieser wie auch im Winter fast keine Zwischenzellen finden.

Beim Rind nehmen die Zwischenzellen nach B a s c o m (1925) in ihrer relativen Menge zur Zeit des Wurfes ab, danach aber wieder zu und enthalten nach S o r g (1924) schon bei sehr jungen Kälbern, früher als die Samenkanälchen, Lipoide, so daß sie bis zur Geschlechtsreife nachweisbar bleiben. Aehnliches gilt nach T o u r n e u x (1874), B o u i n und A n c e l (1905) sowie G r a p m a n i s (1931) für das Pferd, in dessen Hoden sich während der Entwicklung besonders viel Zwischenzellen finden, ebenso wie auch beim Schwein, dessen Embryonen nach B a s c o m und O s t e r u d (1927) bei 35 mm und dann wieder bei 280 mm Länge ein Maximum an Zwischenzellen besitzen, worauf diese im ersten Lebensjahr eine Menge von 90% erreichen sollen; auch Lipoide weisen sie nach meinen Befunden reichlich auf.

Obwohl diese Angaben ebenfalls noch einer Ergänzung durch exaktere Untersuchung bedürfen, ergeben sie doch deutlich einen ersten Höhepunkt in der Ausbildung der Zwischenzellen lange vor Fortentwicklung der Keimzellen in den eben erst angelegten Hodensträngen. Er liegt je nach der Dauer der embryonalen Entwicklung verschieden lange vor der Geburt und der Abfall kann sich über diese noch mehr oder weniger weit hinaus erstrecken, bis die Zwischenzellen während des Heranwachsens der jungen Tiere vor der Reife der Geschlechtsorgane fast vollkommen verschwunden sind. Dieses mit dem Verhalten der Nebennierenrinde übereinstimmende, vorübergehende Hervortreten der Zwischenzellen beim Embryo scheint auf eine Speicherung von Stoffen als Vorbereitung für den größeren Bedarf bei der dann beginnenden Vermehrung und Entwicklung der Ursamenzellen hin-

Verhalten der Zwischenzellen im ganzen Lebensablauf. 23

zuweisen, während eine Resorption aus den noch untätigen Kanälchen und ein Schutz dieser oder des Körpers gegen schädliche Stoffe zu dieser Zeit ebensowenig in Betracht kommt, wie ein Einfluß auf die erst viel später zur Ausbildung kommenden Geschlechtsmerkmale oder gar auf die Geschlechtstätigkeit selbst. Mit dem Einsetzen der vollständigen, zur Geschlechtsreife führenden Spermiogenese nehmen auch die Zwischenzellen dann den für das erwachsene Tier bezeichnenden Ausbildungsgrad an. Dieser zeigt, wie später besprochen wird, mit den Perioden der Geschlechtstätigkeit zusammenhängende, meist aber gegenläufige Schwankungen und währt so bis zum Abklingen jener beim Auftreten der Alterserscheinungen.

Aehnlich wie beim Embryo, bevor in den Samenkanälchen die weitere Entwicklung der Keimzellen beginnt, zeigen die Zwischenzellen beim alternden Mann während der Rückbildung der Kanälchen am Ende ihrer Tätigkeit wieder einen Höhepunkt ihrer Ausbildung, wie aus vielen Befunden beim Menschen, aber auch aus ähnlichen Beobachtungen von Stieve (1923), Harms (1926) u. a. bei alten Mäusen, Meerschweinchen und Hunden hervorgeht. Dabei ist die scheinbare Mengenzunahme des Zwischengewebes zwar in erster Linie auf die Verminderung des Volumens der Kanälchen zurückzuführen, doch kommt es zugleich zu einer Vergrößerung der einzelnen Zwischenzellen durch Speicherung von Stoffen, die jetzt bei abnehmender Tätigkeit der Kanälchen offenbar nicht mehr in gleicher Menge wie früher verbraucht werden, und von solchen, die beim Zellzerfall in den Kanälchen unmittelbar oder im Nebenhoden resorbiert, vielleicht aber teilweise auch von den Zwischenzellen selbst gebildet werden.

Daß die Zwischenzellen eine solche Steigerung ihrer Tätigkeit gerade beim Nachlassen der Geschlechtsfunktionen zeigen, spricht eher gegen eine maßgebende Beteiligung an diesen und den damit zusammenhängenden Erscheinungen. Letztere dürften vielmehr nach dem zeitlichen Zusammentreffen ihres Auftretens mit der Ausbildung reifer Keimzellen hauptsächlich unter deren Einfluß stehen, wobei offenbar auch die in ihren Stoffwechsel eingeschalteten Sertolischen Zellen wenigstens als Vermittler, wenn nicht, gleich den Granulosazellen der Eifollikel, als Erzeuger von Reizstoffen eine Rolle spielen. Zeitweilig sind jedoch am ganzen Stoffwechsel des Hodens auch die Zwischenzellen stärker beteiligt, ähnlich wie dies im Eierstock bei den Thekazellen untergehender Follikel während der Schwangerschaft besonders auffällig in Erscheinung tritt, und es fragt sich dann, ob es sich dabei nur um eine Speicherung von in den Kanälchen gebildeten oder für diese bestimmten Stoffen oder um einen weitergehenden hormonalen Einfluß handelt. Dies könnte im Alter beim Fortbestehen von Geschlechtserscheinungen trotz Degeneration der Samenkanälchen der Fall sein, bis beim Greis auch die Zwischenzellen von der fortschreitenden Rückbildung ergriffen werden.

Vor allem aber scheint die Ausbildung und Erhaltung von Geschlechtsmerkmalen in pathologischen Fällen mit mangelhafter Spermiogenese für eine selbständige innere Sekretion der Zwischenzellen zu sprechen, während sie beim normalen geschlechtsreifen Tier und Menschen ebenso wie in den anderen Altersstufen mehr als Hilfsorgan des Hodens hervortreten, wie im anschließenden Teil dieser Untersuchung ausgeführt wird.

II. B. Die Beziehungen der Zwischenzellen zu den Geschlechtserscheinungen.

Noch auffälliger als während der embryonalen Entwicklung und der Altersdegeneration zeigt sich ein Wechselverhältnis zwischen dem generativen Anteil des Hodens und den Zwischenzellen im geschlechtsreifen Alter bei Tieren, deren Geschlechtstätigkeit infolge der sich mit den Jahreszeiten ändernden Lebensbedingungen periodisch verläuft und bei vielen kleinen Säugetieren in den kälteren Zonen sogar durch einen Winterschlaf unterbrochen wird.

Tandler und Grosz (1911) haben beim Maulwurf für das verschiedene Aussehen des Hodens in der Brunstzeit und während der Geschlechtsruhe die Bezeichnung „Saisondimorphismus" in Anwendung gebracht, die von den Zoologen hauptsächlich bei niederen Tieren für den ganzen jahreszeitlichen Wechsel im Verhalten des Körpers gebraucht wird. Die Brunst tritt aber bei den einzelnen Arten der Säugetiere je nach der Tragdauer zu verschiedenen Jahreszeiten ein, damit der Wurf der Jungen dann erfolgt, wenn ihre Aufzucht unter den günstigsten Bedingungen stattfinden kann und so bis zum nächsten Winter eine genügende Widerstandsfähigkeit erreicht wird. Bei manchen kleineren Tieren, wie den teilweise an unsere Lebensbedingungen besonders gut angepaßten, sich sehr rasch entwickelnden und durch wiederholte Würfe stark vermehrenden Nagetieren, erstreckt sich die Brunst daher vom Frühjahr bis gegen den Herbst, während sie sich bei anderen, wie den primitiveren Insektivoren sowie den vorwiegend größeren, daher eine längere Entwicklung beanspruchenden Raub- und Huftieren auf eine kürzere Zeit beschränkt und meist nur einmal im Frühjahr stattfindet, oder schon in den Spätsommer bis Herbst fällt und dann manchmal mit einem Aufschub der Befruchtung, wie bei Fledermäusen, oder einem Stillstand der Entwicklung über den Winter verbunden ist, wie beim Reh, Dachs und Hermelin. Bei letzterem scheint neben einer solchen noch aus der ursprünglichen nordischen Heimat stammenden, 8 bis 9 Monate dauernden Tragzeit nach Watzka (1940) als jüngere Anpassung an das Leben im gemäßigten Klima auch eine nur 2 Monate währende Entwicklung mit Brunst im März vorzukommen, worauf der Hoden bereits weitergehend eingestellt ist als der Eierstock.

In Uebereinstimmung mit der Brunst vollzieht sich auch der Wechsel in der Spermiogenese zu ganz verschiedenen Zeiten. Der Hoden kann daher bei den einzelnen Arten zur gleichen Jahreszeit ein verschiedenes, mitunter entgegengesetztes Aussehen zeigen, das also nicht an bestimmte Jahreszeiten gebunden ist. Aus diesem Grund habe ich schon früher die Meinung geäußert, daß die Bezeichnung „Saisondimorphismus" hier nicht ganz zutreffend sei, und möchte dafür eher „Funktionsdimorphismus" wählen.

Dieser Wechsel im Bau des Hodens, der unter den domestizierten Tieren von Romeis (1920) auch bei der Ratte, von Stieve (1925) und Saller (1926) bei Mäusen, von Schinz und Slotopolski (1924) beim Kaninchen und von Romeis (1926) und Stieve (1926) beim Hund festgestellt wurde, geht mitunter, wie beim Maulwurf, bei Fledermäusen, beim Dachs, Murmeltier und Wildschwein so weit, daß die nach der Brunst vollkommen inaktiven Kanälchen ganz dünn erscheinen, während die zuvor bei regster Samenbildung zwischen den breiten Kanälchen oft kaum erkennbaren Zwischenzellen nun um sie eine zusammenhängende Masse und so den größten Teil des Parenchyms bilden, zugleich aber auch durch ihre Größe und den Reichtum an Lipoiden ausgezeichnet sind; infolgedessen fallen sie selbst bei Tieren wie den Eichhörnchen auf, bei denen ihre Menge sogar während der Geschlechtsruhe gering ist. In den menschlichen Zwischenzellen treten die von Reinke beschriebenen Kristalloide beim Nachlassen der Spermiogenese auf, sind also offenbar der Ausdruck einer Stauung im Eiweißstoffwechsel.

Noch deutlicher als während der Entwicklung und der Altersdegeneration zeigt sich somit beim Funktionsdimorphismus des Hodens zugleich im Stoffwechsel ein mehr oder weniger gegenläufiges Verhältnis zwischen den Samenkanälchen und den Zwischenzellen, die zusammen eine Einheit mit gegenseitiger Vertretung und gemeinsamen Beziehungen gegenüber dem übrigen Körper bilden. Da aber Zwischenzellen auch abseits der Kanälchen vorkommen, kann es sich nicht nur um einen unmittelbaren Stoffaustausch zwischen beiden handeln. Dagegen spricht ferner, daß die Fettstoffe in den tätigen Samenkanälchen mancher Säugetiere und besonders bei Fröschen, wie auch in anderen Organen und vor allem bei niederen Tieren durch Glykogen vertreten werden, während dies in den Zwischenzellen nicht vorkommt. Außerdem unterscheiden sich die Lipoide in diesen teilweise durch ihren Gehalt an Lipofuscin und ihre Zusammensetzung. So können in den Zwischenzellen nach Leupold (1920, 1921), Kunze (1922), Oppermann (1924), Sorg (1924) u. a. auch Cholesterinester bei gleichzeitiger Abnahme ihrer Menge in der Nebennierenrinde in Zusammenhang mit der Rückbildung der Samenkanälchen auftreten, in denen sich solche überhaupt nicht vorfinden. Leupold (1921, 1923) kommt zu dem Schluß, daß die Zwischenzellen durch Resorption beim Untergang von Samenkanälchen und durch Infiltration aus dem Blut Lipoide speichern und sie dann nicht wieder an die Kanälchen, sondern an das Blut abgeben, wodurch vorübergehend der Gehalt der Nebennierenrinde an Cholesterinestern gesteigert wird. Er meint, daß die Zwischenzellen Speicherstätten für die vom Samenepithel gebildeten Sexualhormone sind und die Lipoide als Schutzstoffe der Samenbildung gegenüber Toxinen wirken.

Die Menge der Lipoide in den Zwischenzellen scheint schon nach den vergleichenden Befunden in der Tierreihe außerdem von der Ernährung abhängig zu sein. Noch klarer geht dies aus den Angaben von Courrier (1923) und Harms (1926) hervor, daß die Zwischenzellen bei Fledermäusen während der ruhenden Spermiogenese im Winterschlaf zwar reichlich vorhanden sind, sich aber erst nach der Wiederaufnahme von Nahrung mit Fetttröpfchen füllen, bis die Samenbildung deren Schwund unter Auftreten von Pigment zur Folge hat. Ebenso besteht nach Oslund (1928) beim Igel und Murmeltier keine vollständige Uebereinstimmung zwischen der besten Ausbildung der Zwischenzellen und der Geschlechtsruhe. Bei letzterem fand schon von Hansemann (1895) während der im Winterschlaf aussetzenden Spermiogenese keine großen Zwischenzellen, sondern erst 2 Monate später nach vollständiger Erholung. Ferner sind beim Reh und Hirsch nach Stieve (1923) während der in die schlechte Jahreszeit fallenden Geschlechtsruhe nur spärliche, nach Besserung der Ernährungsverhältnisse im Sommer dagegen bei reger Samenbildung entschieden mehr lipoidhaltige Zwischenzellen vorhanden, wie die Befunde von Lenninger (1923), Silbermann (1929) und mir selbst bestätigen. Auch die Feldmäuse weisen nach Stieve (1923) während der kurzen Geschlechtsruhe im Winter fast keine Zwischenzellen auf, obwohl diese bei den im Herbst geworfenen Jungen infolge der verzögerten Samenbildung über den Winter reichlich zum Vorschein kommen.

Im geschlechtsreifen Zustand erreichen die Zwischenzellen somit ihre höchste Ausbildung bei jenen Tieren mit ausgesprochenem Funktionsdimorphismus des Hodens, deren Brunst nur einen kurzen Teil des Jahres einnimmt und so fällt, daß sich das Aussetzen der Spermiogenese über die bessere Jahreszeit erstreckt, also mit reichlicher Nahrungsaufnahme verbunden ist. Dies spricht aber ebensowenig für eine unmittelbare Beteiligung der Zwischenzellen an den Geschlechtserscheinungen, wie ihr Hervortreten während der Entwicklung und im Alter. Sie erweisen sich vielmehr als ein Glied in dem System, das den ganzen Stoffwechsel des Körpers entsprechend den Bedürfnissen und Bedingungen regelt, wie sich besonders deutlich bei verschiedenen Störungen zeigt.

Entsprechend den innigen Beziehungen der Zwischenzellen zu den Samenkanälchen beim geschlechtsreifen Tier und Menschen wirken sich auf sie Schädigungen der vom Gesamtzustand des Körpers abhängigen und sehr empfindlichen Samenbildung durch Krankheiten, nervöse Störungen, Röntgenstrahlen, Alkohol, Mast und Hitze rasch aus, wie unter anderem die besonders ausgedehnten Versuche von Stieve (1923) an Mäusen bewiesen haben. Alle diese Einwirkungen führen ähnlich wie bei der Altersinvolution zu einer mehr oder weniger weitgehenden Rückbildung der Samenkanälchen und damit zu einem stärkeren Hervortreten der Zwischenzellen. In einem solchen Zustand befindet sich der Hoden nach Berblinger (1921), Sternberg (1921) u. a. auch bei vielen tuberkulösen Menschen, deren sekundäre Geschlechtsmerkmale dabei oft sehr wenig ausgeprägt sind, also offenbar nicht allein von den Zwischenzellen abhängen.

Eine wertvolle Ergänzung zu den Befunden im normalen und pathologischen Körper liefern ferner Beobachtungen bei Mißbildungen. Dazu gehören vor allem die Folgen des Kryptorchismus, die ich ebenso wie Tandler und Grosz (1913) u. a. durch Vergleich von Präparaten aus verschiedenen Altersstufen verfolgt habe. Sie stimmen im wesentlichen mit der raschen Degeneration bei künstlicher Verlagerung der Hoden überein. Im kryptorchen Hoden bleiben die Samenkanälchen in einem unreifen, kindlichen Zustand und gehen, ohne zur Spermiogenese gekommen zu sein, vorzeitig in Degeneration über. Daß der Körper trotzdem einen höheren Grad von geschlechtlicher Reife erlangen kann als bei einem Kastraten, wird mangels reifender Keimzellen auf einen hormonalen Einfluß der meist reichlich vorhandenen Zwischenzellen zurückgeführt, da man den Kanälchen in diesem Zustand jeden Anteil abspricht.

Gegen ein geschlechtsspezifisches Inkret der Zwischenzellen spricht wohl, daß sich ähnliche unvollkommen entwickelte männliche Keimorgane auch in einem überraschend weit ausgebildeten weiblichen Körper ohne Eierstöcken finden können. Die von Steinach vertretene Annahme, daß manche Hoden weibliche Zwischenzellen enthalten, hat aber durch meine (1924) Befunde in einem solchen Falle von sogenanntem Pseudohermaphroditismus keine Stützung erfahren. Ebenso ist sie als Erklärung für die Erscheinungen der Homosexualität bisher nicht allgemein anerkannt und konnte wie von Scheunig (1923) auch von mir in einem derartigen Fall nicht bestätigt werden. Die angeblichen Unterschiede zwischen beiden Arten von Zwischenzellen sind nicht immer feststellbar und stimmen außerdem nicht mit denen überein, die zwischen den einander entsprechenden lipoidhaltigen Zellen des Hodens und des Eierstockes tatsächlich bestehen, wie später besprochen wird. Hingegen ist bei der Beurteilung aller pathologischen Geschlechtserscheinungen zu berücksichtigen, daß die Geschlechtsentwicklung auch unter dem Einfluß der Hypo- und Epiphyse, des Thymus, der Schilddrüse und Nebenniere steht, in deren Wirksamkeit nach Asher (1936) bei verschiedenen Tieren außerdem Unterschiede bestehen. Ebenso erscheint zwischen ihnen beim Embryo bis zu einem gewissen Grade eine Vertretung möglich, und auf diese Weise dürfte auch beim Mangel von Keimdrüsen die in solchen Fällen trotzdem eintretende, wenn auch auf infantiler Stufe stehenbleibende Entwicklung der Geschlechtsmerkmale zu erklären sein, sofern man nicht zu der unbewiesenen Annahme von Rössle und Wallart (1930) Zuflucht nehmen will, daß die Keimorgane erst sekundär zurückgebildet wurden. Auf ähnliche Zusammenhänge im ganzen endokrinen System weisen ferner Goldschmidts (1931) Angaben über die Geschlechtsumkehr während der Entwicklung hin.

Neben diesen Experimenten der Natur haben ferner Tierversuche die Aufmerksamkeit in besonderem Maße auf die Rolle der Zwischenzellen gegenüber den Geschlechtserscheinungen gelenkt. So erzielten vor allem Steinach (1913, 1916, 1936), Sand (1918), M. und E. Aron (1931) u.a. eine Reaktivierung und sogar eine Geschlechtsumwandlung durch Transplantation von Hoden, deren generativer Anteil hierbei, ähnlich wie durch andere Schädigungen, aber in einem noch höheren Grad, zur Rückbildung veranlaßt wird, während sich die Zwischenzellen als viel widerstandsfähiger erweisen. Fand doch Romeis (1943) bei einem Kater sogar 9 Jahre nach der autoplastischen Transplantation der Hoden bei Rückbildung der Kanälchen bis auf bedeutungslose Spuren noch wohlerhaltene Zwischenzellen, die dann in solcher Reinkultur wirklich den Eindruck einer endokrinen Drüse erwecken und offenbar durch ein von ihnen gebildetes Hormon wesentlich zur Erhaltung aller Geschlechtserscheinungen beitragen, da außerdem nach Entfernung solcher Hoden Kastrationsfolgen festgestellt wurden. Daß die Zwischenzellen auch allein eine geschlechtsspezifische Reife bewirken können, ist aber damit noch nicht bewiesen, zumal Romeis (1931) bei einem männlichen Hund auch durch Einpflanzung eines Eierstockes eine Verjüngung erzielt hat. Dasselbe gilt für die auf solche Weise herbeigeführte Maskulierung von früh kastrierten Weibchen, die aber nicht bei allen Tierarten gleich gut gelingt, und für die Erzeugung von künstlichen Zwittern, denn in den Transplantaten sind ja zunächst noch Kanälchen mit Geschlechtszellen vorhanden, was vielleicht zur geschlechtsspezifischen Ausbildung genügt. Diese dürfte allerdings durch die Zwischenzellen gefördert und weiterhin erhalten werden, ähnlich wie die Nebennierenrinde das Auftreten männlicher Geschlechtsmerkmale veranlassen kann.

Es ist anzunehmen, daß Analoges auch für den Eierstock gilt, in dem die epithelialen Zellen der Corpora lutea ihre besondere Bedeutung für die Schwangerschaft haben, während die anderen lipoidhaltigen Zellen, die bei vielen Säugetieren die ganze Rinde und oft auch das Mark des Eierstockes einnehmen, beim Menschen aber nur als Thekazellen die unmittelbare Umhüllung der Follikel bilden, mit den Leydigschen Zellen des Hodens weitgehend übereinstimmen, wenn auch nicht identisch sind, wie Kohn (1928) mit Recht betont hat und auch bei der Entwicklung zum Ausdruck kommt.

So weist das in den Zwischenzellen des menschlichen Hodens bei herabgesetzter Spermiogenese zu beobachtende Auftreten der Reinkeschen Kristalle und der wechselnde Lipoid- und Pigmentgehalt gegenüber den analogen Zellen des Eierstockes auf Unterschiede im Stoffwechsel hin. Dieselben Einschlüsse kommen aber besonders deutlich in den sogenannten Hiluszellen vor, die im Bereich des Rete ovarii und des Epoophoron von van Beneden (1880), Hartmann (1926) und Joachimowits (1931) bei verschiedenen Tieren und von Berger (1922), (1923/24, 1930, 1932), v. Winiwarter (1923/24, 1932, 1940), Wallart (1924, 1927, 1931, 1940), Lewin (1926), Neumann (1927, 1928, 1929), Kohn (1928), Pawlowski (1929), Watzka (1930), und Jaffe (1931) auch beim Menschen beschrieben, jedoch verschieden gedeutet wurden. Sie sind hier aber nach diesen Befunden weniger den lipoidhaltigen Zellen innerhalb des Eierstockes als vielmehr denen des Hodens gleichzustellen und kommen beim Mann nach Verocai (1915), Priesel (1924), Battaglia (1925), Pelegrini (1926), Berger (1931, 1932) und Nelson (1938) auf allen Altersstufen ebenfalls im Bereich des Hodennetzes und der anschließenden Samenwege regelmäßig vor. Sie stimmen hier nach den Angaben von Reichel (1921) beim Maulwurf, Kyrle (1922) und Pelegrini (1926) beim Hund, Shiosawa beim Kaninchen und Wein (1939) bei der Katze auch im funktionellen Wechsel mit jenen innerhalb des Hodens überein. Zu beachten ist jedoch, daß sich nach Hett (1932), Lacassagne und Nyka (1935, 1936) und Watzka (1938) in diesem Bereich bei Mann wie Frau und besonders bei Igel, Katze und Hund auch hypernephroide Gebilde nicht selten finden und ebenso chromaffine Zellen. Verwechslungen, zu denen letztere Anlaß gegeben haben, sind auf Grund der nur bei diesen positiv ausfallenden Chromreaktion zu vermeiden.

Das Auftreten von Zwischenzellen an diesen Stellen beweist, daß sich deren Tätigkeit nicht auf einen unmittelbaren Stoffaustausch mit dem generativen Anteil des Hodens beschränkt. Besonders hervorzuheben ist ferner, daß sie häufig mit sympathischen Nerven in Verbindung stehen, die sie oft nach Art einer Scheide umgeben, oder sogar durchsetzen, wie die Abb. 618 meines Lehrbuches zeigt. Okkels und Sand (1939) sowie Wein (1939) haben daraufhin auch innerhalb des Hodens eine besonders reichliche Versorgung der Zwischenzellen mit Nerven und spezifischen Endigungen solcher festgestellt.

Diese „extraglandulären" Zwischenzellen gleichen also auch bei der Frau den Leydigschen Zellen im Hoden und liegen bei ihr nach einer von Kohn (1928) sowie von Watzka und Eschler (1938) mit Recht vertretenen Auffassung im unentwickelten männlichen, also dem heterosexuellen Anteil, der bisexuell angelegten weiblichen Keimorgane. Sie sind daher wohl auch nicht nur auf Verlagerung während der embryonalen Entwicklung zurückzuführen und zeigen in ihrer von Masson und Berger (1923) mit sekretorischer Beeinflussung in Zusammenhang gebrachten Beziehung zu den sympathischen Nerven eine Uebereinstimmung mit den Interrenalzellen, die in der Nebenniere ebenfalls mit dem Sympathicus und den von ihm stammenden Zellen des Markes in engster Verbindung stehen. Beim Meerschweinchen fand Kolmer (1922) ferner im Gegensatz zu anderen Tieren in den Zwischen- und Luteinzellen ähnliche mit Beiz-Hämatoxylinen stark färbbare Substanzen wie in der Zona reticularis der Nebenniere, wo sie beim Männchen überwiegen, und so geradezu ein sekundäres Geschlechtsmerkmal darstellen sollen, während für das Weibchen der besondere Fettreichtum der Zona fascicularis und die starke Pigmentierung der innersten Rindenzone als solches gewertet wird.

Auf Beziehungen der Nebennieren zu den Geschlechtsrganen weist ferner nach Harms (1926) auch bei Tauben eine mit der Ovulation zusammenfallende, periodische, 7 bis 11 Tage anhaltende Vergrößerung hin. Beim Menschen besteht nach Leupold (1920, 1921, 1923) in der Wachstumsperiode ein gegenseitiges Abhängigkeitsverhältnis in der Größe von Nebenniere und Hoden. Beide zeigen zunächst eine allmähliche Zunahme, die um das 14. Lebensjahr eine beträchtliche Steigerung erfährt; beim Erwachsenen aber finden sich zugleich mit überdurchschnittlich schweren Nebennieren auch Hoden und nach Walter (1922) ebenso Eierstöcke von hohem Gewicht sowie umgekehrt. Während ferner diese Organe bei Katzen klein sind, fallen sie beim Meerschweinchen trotz der verhältnismäßig spärlichen Marksubstanz der Nebennieren durch ihre Größe auf, und nach Harms (1926) gilt dasselbe für Elefanten und Wale. Unter den Fledermäusen aber besitzt nach Kohno (1925) Vesperugo pipistrellus große, Rhinolophus hipposideros dagegen äußerst kleine Nebennieren, was mit analogen Unterschieden in der Menge der Zwischenzellen wieder eine Uebereinstimmung ergibt, und bei Spitzmäusen scheint den kleinen Nebennieren eine geringe Ausbildung der Zwischenzellen zu entsprechen. Beim Maulwurf konnte Kolmer (1918) allerdings trotz des auffälligen Funktionsdimorphismus der Hoden während der periodischen Geschlechtstätigkeit an den Nebennieren keine größeren Unterschiede, wohl aber eine geringe Volumzunahme während der Brunst feststellen, und Leupold (1921) fand zu dieser Zeit reichlich Cholesterin in der Rinde. Da ich ferner bei einem 4 Monate alten Pferdeembryo zugleich mit den außerordentlich großen, fast nur aus lipoidreichen Zwischenzellen bestehenden Hoden verhältnismäßig sehr kleine Nebennieren mit schmaler Rinde finde, scheint hier ein Kompensationsverhältnis zu bestehen.

Weitere Zusammenhänge ergeben sich nach Harms (1926), Goldschmidt (1931) und Velten und Noetke (1939) aus pathologischen und experimentellen Beobachtungen. So geht mit einer Hyperplasie der Nebennieren eine vorzeitige Entwicklung der sekundären Geschlechtscharaktere Hand in Hand und umgekehrt mit einer Hypoplasie oder Atrophie eine Verzögerung ihrer Ausbildung. Versuche von Cesa Bianchi (1907), Schenk (1910, 1911), Sserdjukoff (1922), Jaffe und David (1923) u. a. haben ergeben, daß Kastration ebenso wie Schwangerschaft zu einer Hypertrophie der Nebennierenrinde führt, wogegen die Entfernung dieser eine Zunahme und auffällige Fettanfüllung der interstitiellen Zellen im Eierstock zur Folge hat, während die Zwischenzellen des Hodens keine Veränderung erfahren. Nach Berner (1923, 1928) und Asher (1936) hemmt das Hormon der Nebennierenrinde bei jungen Weibchen die Ausbildung der Eierstöcke sowie die Luteinisierung und schafft mit der Zurückdrängung der weiblichen Geschlechtsmerkmale die Voraussetzung für die entgegengesetzte Virilisierung, während bei jungen Männchen die Ausbildung der männlichen Geschlechtsorgane gefördert wird. Zu ähnlichen Schlüssen führen klinische Befunde, über die Jagić und Fellinger (1938) Angaben machen.

Leupold meint, wie schon erwähnt wurde, daß die Nebennierenrinde dem Hoden, mit dem sie hinsichtlich Menge und Verteilung der Lipoide übereinstimmt, im Fettstoffwechsel übergeordnet sei, was auch den Angaben von R. Abderhalden (1943) entspricht. Sie ist die Bildungsstätte des Cholins, das auf die Entwicklung des Gehirns sowie der Keimorgane und auf die Pubertätsentfaltung Einfluß hat. Ferner wurde nach Injektion von Saponin, das eine schwere Schädigung des Samenepithels bewirkt, zwischen dem Interrenalgewebe und den Zwischenzellen eine innige Korrelation im Gehalt an doppelbrechender Substanz festgestellt. Dem Cholesterin der Nebennierenrinde schreibt Leupold (1921) aber entgiftende Fähigkeiten für den Eierstock zu, was Kitahara (1923) und Harms (1926) ebenso bei den Zwischenzellen gegenüber den Samenkanälchen annehmen. Beiden Zellarten ist außerdem der hohe Gehalt an Vitamin C gemeinsam. Auch Romeis (1943) weist auf die Uebereinstimmungen zwischen diesen der Bereitung verschiedener Sterine dienenden Zellen hin und faßt sie ebenso wie ich (1938) zu einer Gruppe zusammen.

Somit zeigen die Zwischenzellen bei ihrem wechselnden Verhalten und ganz besonders durch die Lipoide auch in chemischer Hinsicht deutlich Beziehungen zur Rinde der Nebenniere und erscheinen auf diese Weise in den Stoffwechsel zwischen den Hoden und den ganzen Körper eingeschaltet, wobei sie wahrscheinlich durch Reizstoffe auch einen mehr oder weniger spezifischen, in einem Kompensationsverhältnis zu den Samenkanälchen stehenden Einfluß auf die Geschlechtserscheinungen ausüben können.

Faßt man nun alle diese mannigfaltigen, sich mitunter scheinbar widersprechenden Befunde über die Zwischenzellen des Hodens in der ganzen Reihe der Säugetiere mit Einschluß des Menschen, ferner im Lebensablauf des einzelnen von der embryonalen Entstehung bis zum Alterstod, besonders aber während der Zeit der geschlechtlichen Reife unter normalen, experimentell beeinflußten und pathologischen Verhältnissen zusammen, so ergibt sich in übereinstimmender Weise, daß die Zwischenzellen gegenüber den Samenkanälchen und dem ganzen Körper im Stoffwechsel der Lipoide und Lipofuscine, sowie der Vitamine und Hormone eine wichtige Rolle spielen, dabei aber in dem als Funktionsdimorphismus bezeichneten Kompensationsverhältnis zu den Samenkanälchen stehen, gewöhnlich also nicht selbständig zur Geltung kommen und auch von den Lebensbedingungen, wie besonders der Ernährung, und anderen Einwirkungen beeinflußt werden. Sie sind offenbar als ein vermittelndes Außenglied, also gewissermaßen mehr zur Exekutive gehörend, gemäß den vielleicht auch mit gegenseitiger Kompensation verbundenen Beziehungen zur Nebennierenrinde an das ganze endokrine System und zugleich an das vegetative Nervensystem angeschlossen. Ich halte es daher für unrichtig, sie für sich allein als Hormondrüse zu bezeichnen, da sie auch funktionell mit dem generativen Anteil im Hoden eine Einheit bilden und gerade zu der die Brunsterscheinungen hervorrufenden Tätigkeit der Samenkanälchen in einem gewissen Gegensatz stehen. Sie gehören vielmehr mit den verbreiteteren und weniger spezialisierten Fettzellen und Histiozyten in die Reihe der mesodermalen Speicherzellen und haben, ähnlich wie die Deziduazellen für die Entwicklung des befruchteten Eies, eine besondere Bedeutung als Hilfsorgan für die Entwicklung der Keimzellen und die Erzeugung der Geschlechtshormone durch die Hodenkanälchen, können aber unter besonderen Umständen eine größere Selbständigkeit erlangen, gleich den Interrenalzellen. Dies zeigt sich schon darin, daß sie nicht auf die unmittelbare Nachbarschaft der Samenkanälchen beschränkt sind, ja als typische männliche, von jenen des Eierstockes unterscheidbare Zwischenzellen sogar am männlichen Anteil der weiblichen Geschlechtsorgane vorkommen, unter außergewöhnlichen Verhältnissen aber nach Ausschaltung der Samenkanälchen deren Stoffwechsel teilweise übernehmen und so die endokrine Rolle des Hodens gegenüber dem Gesamtkörper auch allein in einem für die Erhaltung der Geschlechtserscheinungen genügenden Ausmaß fortsetzen können.

Schlußwort.

Vergleicht man die Ausbildung der endokrinen Organe bei den einzelnen Gruppen des Tierreiches, so ergibt sich, daß solche in einer gewissen Uebereinstimmung zwischen den Wirbellosen und den Wirbeltieren aus drei Quellen hervorgehen.

Die ursprünglichste ist wohl das ektodermale Nervengewebe, dessen Zellen mit dem Adrenalin und Azetylcholin entgegengesetzt wirkende Reizstoffe bilden, die in gleicher oder doch ähnlicher Zusammensetzung schon bei niederen Tieren auftreten und bei höheren, besonders den Wirbeltieren, auch in eigenen Organen, den Paraganglien, erzeugt werden; ihnen schließen sich dann als weitere Glieder mit gleichem Ursprung, aber anderer Wirkung, noch die Neurohypophyse und Epiphyse an.

Die zweite Gruppe bilden die typischen Drüsen mit innerer Sekretion, die in engster Verbindung mit den Blutgefäßen aus ekto-, vorwiegend aber entodermalem sezernierendem Epithel entstehen, wie die das ganze System steuernde Orohypophyse, die Schilddrüse und die Epithelkörperchen, wozu mit einer teilweise ähnlichen Funktion noch die Leber und das Pankreas kommen.

Für die dritte Gruppe endokriner Zellen und Organe mit lebenswichtiger Beteiligung am Stoffwechsel des ganzen Körpers, besonders aber der Keimorgane ist das speichergewebeliefernde Mesoderm der Mutterboden; von ihm stammen die Rinde der Nebenniere und das die Keimzellen umschließende Epithel sowie die Luteinzellen und auch die Zwischenzellen.

An dem wechselnden Verhalten der Zwischenzellen und ihren Beziehungen zu der Keimzellenbildung, der offenbar übergeordneten Nebennierenrinde und dem Nervengewebe zeigt sich der vielleicht noch nicht abgeschlossene Werdegang eines Gliedes des ganzen endokrinen Systems.

Schlußwort.

Aus dem auffallenden Einfluß verschiedener endokriner Drüsen auf die individuelle Gestaltung und feinere Ausbildung des Körpers sowie aus Uebereinstimmungen zwischen ihrem Auftreten und der Stammesentwicklung der Tiere ergeben sich auch Rückschlüsse auf Beziehungen zu dieser. Eine solche Rolle während der Phylogenese dürfte bei den Wirbellosen hauptsächlich neurogenen Inkretorganen zukommen, bei den Wirbeltieren dagegen vor allem der Hypophyse, der Schilddrüse, den Epithelkörperchen und, besonders für die geschlechtsverschiedene Ausbildung des Körpers, der Nebennierenrinde mit ihren Hilfsorganen, wie ich in einem für die Oesterreichische zoologische Zeitschrift bestimmten Aufsatz ausgeführt habe.

Das anschließende Schriftenverzeichnis weist auf Quellenwerke für die hier berührten Fragen hin und enthält im übrigen die in anderen Zusammenstellungen noch nicht berücksichtigten neueren Arbeiten, besonders über die Zwischenzellen.

Literaturverzeichnis.

Abderhalden, R.: Vitamine, Hormone, Fermente. 1943.
— Aron, E.: Arch. Biol. (Fr.), 41, 1931. — Aron, M. u. E.:
Endokrinologie, 9, 1931. — Asher, L.: Physiologie der inneren
Sekretion, 1936.

Bascom, K. F., u. Osterud, H. L.: Anat. Rec., 37,
1927. — Battaglia, F.: Arch. path. Anat., 257, 1925. —
Bolk, Göppert, Kallius, Lubosch: Handbuch der vergl.
Anatomie der Wirbeltiere. 1933. — Van Beneden: Arch. Biol.
(Fr.), 1, 1880. — Berblinger, W.: Verh. dtsch. path. Ges.,
1921. — Berger, L.: C. r. Acad. Sci. Paris, 175, 1922. — Derselbe: C. r. Soc. Biol., 90, 1923/24. — Derselbe: Presse
méd., 1930. — Derselbe: Bull. Histol. appl. etc., 9, 1932. -
Berner, O.: Vidensk. Skr. I. Mat. naturw. Kl., 1923. — Derselbe: Handbuch für innere Sekretion, 2, 1930. — Bouin, P., u.
Ancel, P.: C. r. Soc. Biol., 1903, 1905, 1923.

Cejka, B.: Arch. mikrosk. Anat. u. Entw.gesch., Bd. 98,
1923. — Cesa Bianchi: Arch. Fisiol. (It.), 4, 1907. — Chiandano, Ch.: C. r. Ass. Anat., 1925. — Courrier, R.: C. r.
Soc. Biol., 88, 1923.

Demuth, K.: Die Struktur des Hodens und der akzessorischen Geschlechtsdrüsen bei Hippopotamus amphibius. Diss. Berlin,
1921.

Faller, A.: Z. mikrosk.-anat. Forsch., 49, 1941. — Feyrter, F.: Ueber diffuse endokrine epitheliale Organe. Leipzig,
1938, und Zbl. inn. Med., 59, 1938. — Derselbe: Morph. Jb. 88,
1942. — Fleischmann, W.: Vergleichende Physiologie der inneren Sekretion. Wien, 1937.

Goldschmidt, R.: Die sexuellen Zwischenstufen. Berlin,
1931. — Grapmanis, R.: Latv. Univ. Raksti Asta Univ. Latviensis. Vetmed. Fak. Serija. 1, Riga, 1931.

Hansemann, D. v.: Virchows Arch., 142, 1895. —
Hanström, B.: Erg. d. Biol., 14, 1937. — Harms, J.:
Experimentelle Untersuchungen über die innere Sekretion der
Keimdrüsen. Jena, 1914. — Derselbe: Z. Anat. u. Entw.gesch.,

71, 1924. — Derselbe: Körper und Keimzellen. Berlin, 1926. — Hartman, C.: Anat. Rec., 35, 1927. — Hartman, C. G.: Contrib. Embryol. (Am.), 19, 1927. — Hermann, G.: Zur Histologie des Hodens junger Haustiere. Diss. Berlin, 1927. — Hett, J.: Handbuch d. vergl. Anat. d. Wirbeltiere. Berlin—Wien, 1933. Ito, Toshio u. Oinuma, Shoichi: Fol. anat. jap., 18, 1939.

Jaffé, R.: Forsch. u. Fortschr., 7, 1931. — Jagić, N. v., u. Fellinger, K.: Die endokrinen Erkrankungen. Berlin— Wien, 1938. — Joachimovits, R.: Zbl. Gynäk. (2697—2703), 1931.

Kitahara Yoshitaka: Arch. Entw.mech., 52—97, 1923. — Kohn, A. Morphologische Grundlage der Organotherapie. Leipzig, 1914. — Derselbe: Med. Klin., 1924. — Derselbe: Endokrinologie, 1, 1928. — Kohno, S.: Z. Anat. u. Entw.gesch., 77, 1925. — Koller, G.: Hormone bei wirbellosen Tieren. Leipzig, 1938. — Kolmer, W.: Arch. mikrosk. Anat., 91, 1918. — Derselbe: Arch Physiol. (D.), 144, 1922. — Kraus, E. J.: Beitr. path. Anat., 81 1928. — Kunze, A.: Arch. mikrosk. Anat., 96 1922. — Kyrle: Vortrag in d. Vereinigung d. Pathologen Wiens, 1922.

Lacassagne, A., u. Nyka, W.: C. r. Soc. Biol., 118, 1935; 121, 1936. — Lenninger, W.: Z. Anat., 68, 1923. — Leupold, E.: Veröff. Kriegs- u. Konstit.path., Jena, 1920. — Derselbe: Beitr. path. Anat., 67, 1920. — Derselbe: Zbl. Path., 31, Erg.-H. 1921. — Derselbe: Beitr. path. Anat., 69, 1921. — Derselbe: Zbl. allg. Path., 33, 1923. — Lewin, B. D.: Amer. J. med. Sci., 171, 1926. — Lundgren, P. G.: Z. mikrosk. anat. Forsch., 4, 1925.

Messing, W.: Diss. Dorpat., 1877. — Müller, Rolf: Z. mikrosk.-anat. Forsch., 52, 1942.

Nelson, A. A.: Amer. J. Pathol., 14, 1938. — Neumann, H. O.: Arch. path. Anat., 263, 1927. — Derselbe: Zbl. Gynäk., 52, 1928. — Derselbe: Virchows Arch., 273, 1929. — Derselbe: Arch. Gynäk., 136, 1929.

Okkels, H., u. Sand, K.: Endokrinologie, 21, 1939. — Dieselben: Bull. Histol. appl. etc., 16, 1939. — Dieselben: J. Endocrinology, 2, 1940. — Oslund, R. M.: Quart. Rev. Biol. 3, 1928.

Pařizek, M.: Brno, 1923. — Patzelt, V.: Wien. klin. Wschr., 1923, 1946, 1947. — Derselbe: Anat. Anz., 88, Erg.-Bd., 1939. — Derselbe: Der Darm. (Handb. d. mikrosk. Anat. d. Menschen.) 1936. — Pawlowski, E.: Ueber die sogenannten Hiluszellen des Ovariums. Diss. Berlin, 1929. — Pellegrini, G.: Boll. Soc. med.-chir., Pavia, 36, 1924. — Derselbe: Arch. ital. Anat., 22, 1925. — Derselbe: C. r. Ass. Anat., 1926. — Derselbe: Boll. Soc. med.-chir., Pavia, 1, 1926. — Ping, Chi.: Anat. Rec., 32, 1926. — Popoff, N.: Arch. Biol. (Fr.), 24, 1908. — Priesel, A.: Arch. path. Anat., 249, 1924.

Reichel, Hans: Anat. Anz., 54, 1921. — Retterer, E.: J. Ur. (Fr.), 18, 1924. — Derselbe: Bull. Soc. philomath Par., 13, 1924. — Rössle, R., u. Wallart, J.: Beitr. path. Anat., 84, 1930. — Romeis, B.: Münch. med. Wschr., 1920. — Derselbe: Handb. d. norm. u. path. Physiol., 14, 1926. — Derselbe: Anat. Anz., 94, 1943.

Saller, K.: Z. Anat. u. Entw.gesch., 80, 1926. — Sand, K.: Experimentelle Studien voor Konskaraterer bos Pattedyr. Kopenhagen, 1918. — Derselbe: J. Physiol. et Path. gén., 20, 1922. — Schenk: Vortr. wiss. Ges. dtsch. Aerzte Böhmen, 1910. — Scheunig, F.: Gynäk. Arch., 116, 1923. — Schürz, H. R., u. Slotopolsky, B.: Denkschr. d. Schweizer Naturforsch.Ges., 61, 1924. — Dieselben: Handb. d. biol. Arbeitsmeth., Abt. V, Teil 3B, 1924. — Schloß, G.: Acta anat., 1, 1946. — Schweizer, R.: Schweiz. med. Wschr., 55, 1925. — Silbermann, Ulrike: Z. Anat. u. Entw.gesch., 90 (S. 597—613), 1929. — Skowron, S.: Bull. internat. Assoc. Polon. (BII), 1938. — Sorg, Kurt: Z. Konstit.lehre, 10, 1924. — Steinach, E.: Zbl. Physiol., 27, 1913. — Derselbe: Arch. Entw.mech., 42, 1916. — Derselbe: Wien. klin. Wschr., 1936. — Sternberg, C.: Verh. dtsch. pathol. Ges., 1921. — Stieve, H.: Erg. Anat. 23, 1920. — Derselbe: Pflügers Arch., 200, 1923. — Derselbe: Arch. mikrosk. Anat. u. Entw.gesch., 99, 1923. — Derselbe: Z. mikrosk.-anat. Forsch., 1, 1924; 2, 1925; 5, 1926; 10, 1927; 15, 1928. — Derselbe: Handb. d. vergl. Anat. d. Wirbeltiere. Berlin—Wien, 1933.

Takamori: Trans. jap. path. Soc., 11, 1921. — Tandler, J., u. Groß, S.: Arch. Entw.mech., 33, 1911. — Dieselben: Die biologischen Grundlagen der sekundären Geschlechtscharaktere. Berlin, 1913. — Tourneux, F.: J. anat. physiol. norm. et pathol., 15, 1879. — Derselbe: J. Anat. et Physiol., 26, 1879.

Velten, V., u. Noethe, R.: Frankf. Z. Path., 53, 1939. — Verocay, J.: Prager med. Wschr., 1915. — Vignoli, Luigi: Arch. ital. Anat., 28, S. 103—132, 1930. — Voronoff, S.: Verhütung des Alterns durch künstliche Verjüngung. Berlin, 1926.

Wagner, K.: Biol. gen., 1, 1925. — **Walker**, K. M.: Lancet, 206, 1924. — **Wallart**, J.: Arch. Anat. etc. (Fr.), 7, 1927. — **Derselbe**: Arch. Gynäk., 143, 1930; 138, 1929. — **Derselbe**: Bull. Histol. appl., Bd. 10, S. 55—58, 1933. — **Derselbe** Arch. Biol. Liège—Paris, 40, 1930. — **Watson**, A.: Brit. J. exper. Biol., 4, 1927. — **Watzka**, M.: Verh. dtsch. Ges. Kreislaufforsch., 1937. — **Derselbe**: Z. mikrosk.-anat. Forsch., 48, 1940. — **Wein**, D.: Z. Zellforsch., 29, 1939. — **Weiß**, F. W.: Z. mikrosk.-anat. Forsch., 16, 1929. — **Wense**, Th. v.: Zwanglose Abh. aus dem Gebiet der inneren Sekretion, Bd. 4, 1938. — **Winiwarter**, H. de.: C. r. Soc. Biol., 89, 1923/24. — **Derselbe**: Arch. Anat.-microsc. (Fr.), 25, 1929. — **Derselbe**: Bull. Histol. appl., 9, 1932; 17, 1940.

SPRINGER-VERLAG IN WIEN

Wiener klinische Wochenschrift

Begründet von weil. Hofrat Prof. H. v. Bamberger
und weil. Hofrat Prof. Ernst Fuchs

Neue Folge

Organ der Gesellschaft der Ärzte in Wien

Herausgegeben

vom **Herausgeberkollegium,**
vertreten durch Prof. Dr. Heinrich Kahr,

von der **Gesellschaft der Ärzte in Wien,**
vertreten durch Prof. Dr. W. Denk,

von den **Mitgliedern der medizinischen Fakultät in Wien,**
vertreten durch Prof. Dr. L. Arzt,

unter ständiger Mitwirkung der
Mitglieder der medizinischen Fakultät in Graz
und der **Mitglieder der medizinischen Fakultät in Innsbruck**

Schriftleiter: Prof. Dr. L. Arzt und Prof. Dr. R. Übelhör

Erscheint am Freitag einer jeden Woche

Vierteljährlich in Österreich S 36.—; im Ausland sfr. 16.—

Zu beziehen durch alle Buchhandlungen

Springer-Verlag in Wien

Im Herbst 1947 beginnt zu erscheinen:
Österreichische Zeitschrift für Kinderheilkunde und Kinderfürsorge

Herausgegeben von

K. Kundratitz-Wien, **E. Lorenz**-Graz, **R. Priesel**-Innsbruck
A. Reuss-Wien

Das Arbeitsgebiet der Zeitschrift umfaßt die gesamte Physiologie und Pathologie des Menschen von seiner Geburt bis zur Vollendung der Geschlechtsreife einschließlich der prophylaktischen Pädiatrie. Das „Österreichische" in der Titelgebung soll nur den Ausgangspunkt, aber keinerlei Begrenzung bezeichnen. Die Beiträge werden in deutscher, englischer und französischer Sprache veröffentlicht.

Die Zeitschrift erscheint nach Maßgabe einlangenden Materials zwanglos in einzeln berechneten Heften wechselnden Umfanges, die zu Bänden von etwa 400 Seiten vereinigt werden.

Im Herbst 1947 beginnt zu erscheinen:
Wiener Zeitschrift für Nervenheilkunde und deren Grenzgebiete

Herausgeber:

Prof. Dr. **Otto Kauders** und Dr. **Herbert Reisner**
Wien

Die Zeitschrift bringt Arbeiten aus dem gesamten Gebiet der Psychiatrie, Hirnpathologie, Neurochirurgie und medizinischen Psychologie, doch kommen darin auch andere natur- und geisteswissenschaftliche Disziplinen, soweit sie mit dem großen Gebiet des Faches wesentliche Berührungspunkte haben, zu Wort. Sie strebt von vornherein internationale Zusammenarbeit an und veröffentlicht Beiträge in deutscher, englischer und französischer Sprache.

Die Zeitschrift erscheint nach Maßgabe einlangenden Materials zwanglos in einzeln berechneten Heften wechselnden Umfanges, die zu Bänden von etwa 400 Seiten vereinigt werden.

MIX
Papier aus verantwortungsvollen Quellen
Paper from responsible sources
FSC® C105338

If you have any concerns about our products,
you can contact us on
ProductSafety@springernature.com

In case Publisher is established outside the EU,
the EU authorized representative is:
**Springer Nature Customer Service Center GmbH
Europaplatz 3, 69115 Heidelberg, Germany**

Printed by Libri Plureos GmbH
in Hamburg, Germany